U0179020

爆款的套路

[澳] 伯纳黛特·吉娃 / 著

Bernadette Jiwa

柳林 / 译

HUNCH

turn your everyday insights
into the next big thing

四川人民出版社

创新没有一定之规。你需要让直觉来完成这个跨越。

——史蒂芬·霍金

目 录

引　言　每个人都能做到　／　001

第一部分　什么阻碍了你

你知道的比你想象的多　／　003

问出好问题，就会有好发现　／·009

创新显现的奥秘　／　013

天才陷阱　／　015

创意被高估了　／　017

追逐独角兽　／　019

领悟力的敌人　／　021

沉　浸　／　023

付诸实践　／　024

第二部分　从每日的领悟到突破性创新

直觉的作用　／029

标志和信号　／032

实践出真知　／033

重新定义问题　／035

改变思维方式　／038

天才没什么特别　／040

我们看到的并不是全部　／043

创意 vs 机遇　／047

突破性创意，不要从创意出发　／049

情　商　／051

构建意义　／053

创意开始的地方　／055
　　让小朋友多吃水果的创造性方法　／056

预感的诞生　／059

第三部分　谁、什么，以及怎样

拥抱好奇心　／ 063

案例分析：好奇心　／ 066

　　像手套一样合适：我们怎样才能成为世界最佳？ ／ 066

　　电话分诊：我们怎样做到的？ ／ 068

　　GoldieBlox：如何让更多的女孩对工程学感兴趣？ ／ 071

打磨同理心　／ 086

案例分析：同理心　／ 089

　　KeepCup：怎样才能让更多人使用可重复使用的咖啡杯？ ／ 089

　　Day Designer：如何能让生活更有条理？ ／ 092

　　Spanx：为什么没有这个产品？ ／ 094

点燃想象　／ 109

案例分析：想象力　／ 112

　　"谁捐一坨屎"：如何让消费者驱动慈善？ ／ 112

　　"创新者的早晨"：如何在设计界激发并创造更多联系？ ／ 115

　　迷你胡萝卜：如何减少农产品的浪费？ ／ 117

总　结　／ 127

　　背　景　／ 127

　　你是独一无二的　／ 129

确定的恐惧　/ 132

尝试并检验　/ 133

执行创意的七个步骤　/ 134

机　会　/ 135

下一个爆款产品　/ 136

路是走出来的　/ 138

预感日志　/ 140

致　谢　/ 142

出版后记　/ 145

引 言
每个人都能做到

直觉会告诉思索中的大脑下一步该朝哪里走。

——乔纳斯·索尔克（Jonas Salk）

与许多同龄男孩一样，9 岁的理查德·图利尔（Richard Turere）在家时要做些家务。与许多同龄男孩不同，理查德对家庭的贡献不只是把餐具放入洗碗机、把散落在卧室里的袜子捡起来那么简单。作为一个马赛族的男孩，他要负责看管全家最值钱的财产——奶牛。

理查德出生在肯尼亚首都内罗毕，那是世界上扩张速度最快的城市之一。与三百多万人口一起分享这座大都市的，还有内罗毕国家公园中的野生动物。内罗毕国家公园面积约占整个城市的 16%，北面被围栏围起，南面则是一个开放的生态系统。包括狮子在内的野生动物在其中自由活动，它们甚至还会进行季节性迁徙。这些动物给理查德的工作带来了不少麻烦，因为他的牛群时不时会因狮子的攻击而遭受损失。人兽之间的紧张关系常常让狮子遭到意图保护社区和牲畜的士兵的猎杀。

这种问题在非洲大陆非常普遍，很多狮群和民众都受到了严重的影响。在 20 世纪 60 年代，约有 20 万头狮子栖息在非洲。现在，这一数字已经降到了 2.5 万头，预计在 20 年内还会减半。在过去的几个世纪里，人类已经为保护狮群投入了数百万美元，但狮子的数量并没有停止减少。狮子是肯尼亚吸引游客的头号功臣，而旅游业也是肯尼亚国民收入的重要组成部分。然而，当地狮子数量无可挽回的减少正在威胁该国的旅游资源。据肯尼亚野生生物服务署（Kenyan Wildlife Service）统计，2002 年肯尼亚共有 2749 头狮子，这一数字在七年内下降了近三分之一，仅剩下约 2000 头。宣传教育及保护措施几乎起不到什么作用。

有那么两年，理查德和狮子的关系一直处于剑拔弩张的状态。它们是他的敌人。他尽了最大努力保卫牛群，但它们还是免不了在夜晚被游荡在非洲大草原的狮子捕杀。早上起来发现牛圈中有牛死亡，对理查德来说并不是什么新鲜事。他为解决这个问题绞尽脑汁，从生火到放置稻草人，各种方法都用遍了，但收效甚微。终于，事情取得了突破性的进展。一天晚上，理查德拿着手电在牛圈周围巡视，狮子只是在远处徘徊，不敢靠近。这种情况出现了一次又一次，男孩终于意识到狮子可能害怕移动的光源，因为这意味着人类没有休息，一直在看守牛圈。

从幼时起，理查德就对电及其工作原理充满好奇。他躲在自己的房间一个又一个小时地拆装着小电器，其中就包括妈妈的收音机（妈妈对此十分沮丧）。他摆弄这么多年，现在终于有了回报。理查德找到了一块废旧的汽车电池、一个摩托车信号灯、一个从坏手电里拆出来的灯泡和一个开关。他把这个临时拼凑出来的照明系统连接到牛圈里的太阳能发电设备上。在夜色中，它能制造出有人在牛圈周围巡视的假象。

理查德的"狮子灯"解决了狮子在夜间袭击牛圈的问题。他家的牛圈就此安全了，于是他开始给周围的农场安装同样的系统。狮子灯的效果非常强大，现在已被广泛用于驱散肯尼亚的其他食肉动物，保护奶牛、野生动物以及财产。

该项发明让理查德得到了肯尼亚最负盛名的学校的奖学金，并于 2013 年在 TED 上讲述自己的故事：

> 一年以前，我只是一个在大草原上帮父亲放牛的男孩。我时常看到有飞机从那里飞过。有一天我对自己说，我会坐在里面的。今天梦想实现了，我得到了坐飞机来 TED 的机会，这是我第一次坐飞机。我的梦想是长大成为飞机工程师和飞行员。我曾经很讨厌狮子，但现在，我的发明保护了父亲的奶牛，甚至也保护了狮子，我们终于可以和狮子和平共处了。

这样的事发生在谁身上都不奇怪，但最终解决问题的是一个好奇、坚定的十一岁男孩，而这个问题已经困扰了整个社区和无数公职人员数年之久。

在思考或讨论制胜创意的时候，通常会出现两种截然相反的说法："任谁都能做到"和"只有他们能做到"。好创意要么因太过显而易见而被忽视，要么就如查尔斯·里德比特（Charles

Leadbeater）所说，注定要被"特定的人在特定的场景下"发现——常常是在精英云集的机构，或是配备了博士、白板、天使投资人和五颜六色的便利贴的初创企业孵化器中出现。我们下意识坚持的这两种截然相反的说法，让我们不能客观看待自己创意的潜力和影响力。

利用后见之明，想想我们如何在转瞬间就放弃了那些太过显而易见的成功创意：猫眼路标、标签、汽车杯架、旋入式足球鞋钉、便利贴、麦片早餐棒和卡拉OK。需要想象力和勇气来完成的创意、发明和创新，其价值不知为何就被"这连我都可以做到"这样的话给贬低了，就好像我们的才华被预留给某些我们不相信自己能做到的事情了。

我们垂涎于那些划时代的创意，我们也会为拥有它们的人欢呼。我们迷信超级明星和有远见的人，也相信灵光一现的力量，以及那些让伟大的创意及其创造者脱颖而出的特定环境。成千上万的专栏关注萨拉·布莱克利（Sara Blakely）、理查德·布兰森（Richard Branson）、约翰·拉塞特（John Lasseter）、埃隆·马斯克（Elon Musk）、詹姆斯·戴森（James Dyson）、安妮塔·罗迪克（Anita Roddick）、史蒂夫·乔布斯（Steve Jobs）和阿里安娜·赫芬顿（Arianna Huffington）等企业家的独特天才。那些见他人所未见、行他人所未行的企业家先驱，在这个世界宣布它是一项革命之前很久，就预见到了机会的出现。他们属于例外，而不是常规。

这就是为何"企业家"已成为世界上最性感的岗位说明的一个

原因。我们都想成为例外，而不是常规。

深挖下去，我们很快就会发现，所谓"远见"并不一定是他们作为先驱与生俱来的能力，而毋宁说是他们用直觉发现了他人所忽视的联系。以低价直接向客户售卖高品质剃须刀的初创企业"一美元剃须刀俱乐部"（Dollar Shave Club），冲击了男士美容行业。它并不是发明一次性刀片的先驱，也不是第一家使用电子商务平台接触客户的公司。首席执行官迈克尔·杜宾（Michael Dubin）所做的，不过是把行业现有的商业模式与亟待提升的客户体验连接起来——创造一个人们愿意信任且给予忠诚的品牌。马克·扎克伯格没有发明线上社交网络；安妮塔·罗迪克不是第一个开设护肤品公司的人；阿里安娜·赫芬顿不是第一个创建线上新闻网站的人。首创它们的另有其人，但我们为之欢呼并想要模仿的人，知道如何让这些产品焕发新生：让它们对那些使用它们的人来说充满意义。

只要有心，成为这种人就是可能的。

作为一名商业咨询师，我帮助企业家和商业领袖分析那些令创意起飞的东西。我们一起深挖事情的来龙去脉——那些创意是在何种情况下被热捧，以至对顾客、客户或用户变得有意义的。这就是我帮助客户发现他们的创新、创意和故事中未被发掘的潜能的方式。

说到让创意起飞，创新者常常希望市场能让人们理解自己为何需要这种产品或服务。但事实是，世界上最棒的市场都不可能挽救一个不知道为谁开发、不知道为何它对那些人重要的创意。这就是为什么创新和产品的开发阶段是如此的重要。毋庸置疑，在萌芽阶段，将你的能量投入到开发人们想要的产品上，要比说服大家购买你已经做好的东西更重要。

在我的工作以及此前出版的书籍中，我已经带领大家从讲述创意故事踏入了理解创意因何而起飞的征程。这本书向前更进了一步。它讲述了那些将已知之事付诸实践并追问未知的人的故事。那些成功的企业家、创造者和创新者（他们和你没有什么不同），利用自己的好奇心、同理心和想象力找到了发明、创造和服务的机会。日常生活中充斥着机会，它们或被把握，或被无视，只有学会倾听，我们才能真正利用它们。每个突破性的创意都不是始于确知，而是始于理解尝试的重要性。

这本书就是一幅路线图，它邀请你从前人的成功中汲取经验，它为你提供工具去注意更多东西，理解如何发现别人错失的机遇，并创造出世界所渴求的产品。市面上已经有数百本书帮你解读创意产生的过程。但这本恰恰是你在执行之前需要的。它邀请你注意自己的预感，唤醒你已被忽视和遗忘的技能，并发展出你需要的新技能。它是你在发现突破性创意的道路上以全新的视角看待世界、拥抱自身独特潜能的指导性训练。直觉本身不会确切地告诉你宝藏在哪，但它会给你有力的线索，让你知道在何处开始挖掘。如果你已经做好准备要开始寻宝，这本书就是你需要的。

爆款的套路

Hunch：
Turn your everyday insights into the next big thing

第一部分　什么阻碍了你？

烦恼和障碍

停止理性思维的絮语，为直觉留下空间，你的直觉就会回来。理性思维并不会让你强大。只是因为当代文化推崇理性，你就认为它能告诉你真理，但这不是事实。理性挤掉了很多丰富、生动和迷人的东西。

——安妮·拉莫特

你知道的比你想象的多

> 我相信直觉和灵感。我有时觉得自己是对的。我并不了解自己。
>
> ——阿尔伯特·爱因斯坦

从小时候百科全书销售员到我居住的街区敲门到现在，似乎没有过去多长时间。他们提供灵活多样的付款方式，就是为了把厚厚的皮面多卷本百科全书销售给工薪阶层的父母。这些父母通常不知道书里写了什么，更不用说付钱购买了。当时只有 9 岁的我，对每一个推迟出现在新大英百科全书上的答案持怀疑态度。1975 年印上去的世界人口信息怎么可能在一年之后我读膝盖上那本厚厚的书时仍旧准确？

40 年很快就过去了。iPhone 仅问世十年就改变了一切。得益于互联网和数字媒体，维基百科和谷歌，我们用指尖瞬间获取的知识要比我们过去消费的多得多。

有人认为事实、图表和发现传达了全部的真相，并掌握着解锁未来所有机遇的钥匙。这种想法可以理解。新的数字工具和技术不仅向我们提供了有关我们和他人的周围世界的更多信息，也帮助我们增进了对自己的了解。我们甚至可以监控我们走的每一步、消耗的每一个卡路里。我们希望，如果能搜集足够的数据，我们就有能力改变我们想要改变的东西，而不用忍受对不确定性的恐惧。

我们能够轻易测算的数据，似乎会让我们更聪明，但我不得不说，它们并不总能让我们更明智。我们有许多行为和反应可以被观测和量化，但这些数据并不总能揭示我们为什么那样做。如果数据能做到这些，我们就有办法让人们停止吸烟、暴食、赌博和酗酒。科学家用来说服我们改变自身行为的健康数据并不一定真有什么效果。硬事实只讲述了事情的一部分。

评估创意的潜能时，数据并不能做什么。哪些数据预测出了谷歌、脸谱网、iPhone 的需求量以及它们后来的成功？预测出柯达、黑莓、橙汁衰落的数据又在哪里？哪位分析师预见到美国过去五年杏仁奶的销量会增长 250%？谁又能预料在大众文化中瑜伽裤会撼动牛仔裤的地位，发动一场运动服革命，并帮助全球运动服装市场在 2019 年扩张到 1780 亿美元？还有成人涂色书，2015 年仅在美国就有 1200 万册售出——谁预见了这种席卷之势？在预测创意的成败时，我们常常忘记我们只能使用过去和现在的信息做出判断或预测未来。我们不（能）知道那些我们得不到信息、没想过要测量、不确知的东西的意义何在。

我们渴求确定性，所以把越来越多的信任建立在数据之上。这种信任已经破裂，并被最近的政治事件击得粉碎。《纽约时报》的史蒂夫·洛尔（Steve Lohr）和娜塔莎·辛格（Natasha Singer）指出，所有的数据（量很大）都显示希拉里·克林顿赢得2016年美国总统大选的概率是70%~99%。众所周知，由紧盯着每一个微小数据的专家做出的预测远称不上可信。洛尔和辛格写道："那些越来越依赖数据、数据的价值以及用数据节省成本和赚取利润的行业正在发生深层的变革。"当然，他们也提醒我们："数据科学是一种需要取舍的技术进步。它能发现我们以前不可能了解的东西，但也是一把钝刀，会砍掉背景和细节。"该论断已在2016年的总统选举中得到验证。预测人们说自己会选谁很容易，但要预测人们在心里会选谁就难得多了。

由于我们喜欢测量和量化，西方教育中充斥着标准化的测验。这些测验号称能揭示有关智力和未来潜力的真相——用具体的数值表示谁可能成功，谁又可能失败。我们从小就会因为知道正确答案而得到奖励。所以，我们学着给出正确答案。因为如果一直给出错误或者不能满足期待的答案，你就会在学校和之后的人生中陷入不利的境地。在这个考试分数最高就能获得最优评价的世界里，想上好大学、得到顶尖的职位、成为人生赢家，你最好要学会确证事实。于是我们就掉入了一个陷阱：不愿说出最难说出口的三个字——"不知道"。

将这种教育训练与前面讨论过的"只有他们能做到"的文化叙事结合在一起，我们就会发现另一个问题：如果我们不相信自己能够想出或评价好创意，如果我们认为创新和才华是给别人准备的，我们就会不由自主地更多地依赖数据。

　　这里有个显而易见的问题，那就是我们对于任何事情都不可能 100% 地确定，所以我们需要学会在不确定的情况下采取行动。还有个问题不那么显而易见：我们越是仅仅依靠硬数据来发现真相，我们就越会丧失机会去培养自己内在的好奇心、发展自己的情商、激发自己的想象力。

　　知识和智慧并不必然是完全相同的东西。如果真像弗朗西斯·培根所说的"知识就是力量"，那么如何对发现的真相（我们的理解，以及由此产生的选择和行动）提问、从中学习、解读它们并采取行动，就是让我们无比强大的东西。在这个数据饱和（和过量）的世界里，数据和逻辑居于顶端，而直觉受到贬低。作家迈克尔·刘易斯（Michael Lewis）描述了这种"不信任人类直觉而对算法俯首称臣的强大趋势"，而这种趋势正是以丹尼尔·卡尼曼和阿莫斯·特沃斯基为先驱的行为经济学研究带来的恶果。这些科研证据让我们捡了芝麻丢了西瓜，无视直觉在开创性发现和创新中的重要作用。即便是在先用直觉构建假设，再用实验方法对其进行检验的科学界，情况也是一样。此外，正如凯西·奥尼尔（Cathy O'Neil）在《算法霸权》（*Weapons of Math Destruction*）

中所说，算法的流行"有赖于人们对算法客观性的信念，但是，为数据经济提供动力的算法，建立在会犯错的人类所做出的选择之上"。尽管如此，我们很少质疑相信事实的必要性，但却经常质疑从自身的观察和经验中收集的领悟。我们面临着这样的危险——更愿意从表面看问题，而不愿去调查和探索；更满足于证明，却更少地对发现持开放态度；更愿意消费而不是创造；更害怕不确定性，而不是开放地对待可能性。

要记住，不是所有我们能够搜集到的有用信息都能被精确测量并制成图表。我们每天对何者有效、何者无效，为何选择这个而拒绝那个，以及对人们说一套做一套时世界怎样维持运行的观察，能够引发看似无关紧要但却能变革一切的领悟。要想获得有长久生命力的创意，我们必须将整个世界纳入考量——是整个世界，而不只是逻辑上的、扁平的、便于观察的图景。1929 年，爱因斯坦的一句话让科学界的同仁们震惊："想象要比知识重要得多"。然而，对此思索多年的物理学家西尔韦斯特·詹姆斯·盖茨（S. James Gates）指出，这句话之所以正确，是因为"想象是我们增加知识的工具，如果你没有想象力，你也不能获得更多的知识"。

幸运的是，我们凭借直觉理解的东西，比我们相信自己能够理解的更多，而且它们并不都来自《大英百科全书》、维基百科或谷歌。每天我们都要接触海量的信息，这些信息是我们在无意间收集的。这类数据是主观的，因而也是有用的，而且一定能被应用起来。如果我们把自己训练得更善于观察，如果我们能够关注周围的世界，关注他人，关注本不该发生但却发生了的事情，关注本该发生但却没有发生的事情，我们的大多数经验就能帮助我们想出最独特、最有才华的创意。

问出好问题，就会有好发现

有时问题比答案更重要。

——南希·威拉德（Nancy Willard）

超链接应该是绿色还是蓝色？如果是蓝色，我们怎么知道我们恰好选择了最恰当的那种蓝？曾任谷歌广告联盟（Google AdSense）产品经理的托马什·汤古兹（Tomasz Tunguz）在谈及人们在寻找正确答案时会投入多少时间曾这样说："在谷歌，我们会测试一切——用户界面、广告目标模型，甚至包括实习生。一个产品团队测试了 41 种不同的蓝色，就是为了确保点击率最大化；不过现在在公司又在测试黑色的链接了。"

在数码环境中，获取硬数据是很容易的——只需测试哪种颜色的链接获得的点击量最多，然后利用该信息增加用户参与度或改善结果。然而，较之以往，现在我们寻找的答案很少像这样非黑即白，真正有价值的结论也更少地使用"是"或"否"来回答。更好的问题不是"他们点击了哪种蓝色"或"我们是否让更多的人点击了这种形式的对话框"，而是"颜色偏好的数据怎样帮助我们改进在线报税表格的设计"，以及"如何利用用户行为分析鼓励更多的人参与器官捐献项目"。

我们生活在这样一个时代：我们会因自己的决断力和判断力而获得报酬；我们也会因提出让人足够信任的解决方案，吸引追随者而获得奖励。是否有能力做到这些就意味着项目是推进还是中止。然而，问题、潜在的解决方案和机会都是复杂的、模糊的、不明确的，所以在特定的情况下并没有唯一正确的答案或最佳行动路线。

缺乏确定性令人不适，但若想取得突破，我们就得适应这种不适。我们永远不可能得到足够的信息，毫无风险地按照既定路线前行。我们常常要依赖软数据的智慧来帮助我们踏出第一步。要想有机会做对，我们就得容忍在获得确定性之前有可能做错。

特斯拉汽车致力于设计和制造大众负担得起的电动汽车（Model 3），即便有消息披露该公司到目前只量产了10万辆。在研发 Model 3 的讯息公布后24小时内，就有20万人为这款很可能在两年内都无法问世的汽车支付1000美金的预定金。仅仅过了两周，预定人数就翻了一番，达到40万人。如果每个预定该车的人都完成了购买，它的总收入将会超过140亿美元。如果特斯拉和传统的汽车制造商一样，假定"我们生产出来，他们就会来买"，他们就无法取得今天的成绩。他们并没有用历史数据来推断销量。他们的成功源于"如果你买，我们就生产"。

事后看来，伟大的创意似乎显而易见——此时我们已经证明它行之有效，或是它的成功已初露端倪。在这个由数据驱动的新世界里，我们越来越依赖于将确证作为起点，而遗忘了每个开创性的想法并非始于注定会成功的解决方案，而是始于一个疑难的问题。创新、创造和发明在对真理充满疑虑的追求时产生，在对解决问题的渴望中产生。正如明尼苏达大学荣誉教授波林·博斯（Pauline Boss）博士所言：

> 科学发现不是通过方法或魔法达成的，而是从开放地体察某个人的情绪或对直觉做出回应开始的。与诗人一样，研究者或临床专家需要有能力想象真理的样子。

我们需要想象真理可能是什么。谷歌的创新者对此这样表述：我们必须"提出问题，从而构建答案"。在得到确证之前。要提出那种给我们带来电动汽车、脊髓灰质炎疫苗，甚至是麦片能量棒的问题，那种总有一天能让发展中国家的人民实现连接的热气球网络计划的问题，而不是那种"这足够好吗"和"它满足特殊要求吗"之类的老生常谈。它们是能够鼓励发现的问题，例如"什么时候会发生什么""为何它没有效果""如果是这样呢"，等等。

面对不确定性，提出问题、保持想象力和好奇心的能力，以及在现有信息和不知道是否正确的感觉的基础上采取行动的能力，能让我们另辟蹊径、捕捉机会、做出成绩。这些能力我们可以通过练习培养起来。

从一开始你就应该知道，我在这里谈论的并不是观察水晶球或遵从权威。我想讨论的方法并不能帮你预测下周股票市场的表现或你支持的球队在这一赛季赢得冠军的概率。我想分享的方法能帮助你锻炼提出好问题、相信直觉的能力，以便在不确定的未来做出合理的判断。我希望你不再执着于给出答案，而是让自己有能力提出把你引向那些答案的问题。

开端就只是开端，你必须走过这个阶段让一些事情发生。你不是总会赢，但如果你尝试了，你就不会一直输。

——雷贝嘉·索尔尼（Rebecca Solnit）

创新显现的奥秘

"有了！"从公元前 250 年开始，孤独的天才被灵感的闪电击中就是传奇故事的内容。在那一年，阿基米德在沐浴时顿悟到计算不规则物体体积的方法。我们莫名其妙地相信，好创意要么在被不知从何而来的东西击中时产生，要么在意外被绊倒时得来——它们的出现是随机的，因此也就不在我们的掌控之内。

这种灵光闪现的时刻，1979 年首先被心理学家奥博（Auble）、弗兰克斯（Franks）和索拉奇（Soraci）描绘出来。该项研究给受试者一道需要解答的谜题，这道题是一个没有意义的句子，其中一个单词缺失了。一旦受试者获知这个缺失的单词，他们就能迅速地理解这个句子。现在，"有了"（Eureka）这个词常被用于描述天才的时刻，而实际上它最初描绘的是恍然大悟的瞬间。说出"有了"或"啊哈"就意味着获得了突然、积极、不可动摇的领悟，它将导致简单、可行、已被证明的解决方案。

从爱因斯坦的狭义相对论到弗莱明的盘尼西林，我们为突然的科学发现贴上了"有了"的标签，并将它们的这些特点应用于创新和商业领域。实际上，创新和创造性发现的情况要复杂得多，远比我们认为代表了偶然发现的一个简单的"有了"要曲折。

面对科学和创新的成功故事——这些故事看似是欣悦的偶然或信念的跃进，只要稍微深挖一下，我们常常就会发现它们根植于科学家或创新者长久以来的领悟：64 岁的爱因斯坦在发展出他的理论之前花了九年时间思索激起他的好奇心的光速问题。弗莱明在发现盘尼西林之前，也已经进行了十年的研究。戴森吸尘器的问世耗费了五年时间，共做了 5127 台样机。在史蒂夫·乔布斯将酝酿 21 年的电脑鼠标技术引入大众之前，他已经在为消费者研发苹果电脑的过程中积累了大量经验。所有这些案例看起来都像是天才的行动，直到我们把它们两相对比，发现它们之间的相似之处。是的，他们都是聪明人，但是他们的发现和创新源自对好奇心、同理心和想象力的持续锻炼。

天才陷阱

当你听到"天才"这个词时，首先进入脑海的是什么？或许是爱因斯坦的形象、亮起的灯泡、厚眼镜、书卷、学位帽、大脑、史蒂夫·乔布斯、马克·扎克伯格或其他科技界的亿万富翁。巧合的是，谷歌图片的几百万搜索结果显示的也是这些（其中也包括荷马·辛普森拼出的一大堆魔方）。

尽管明白智力体现在不止一个方面，我们对"天才"的定义还是太过狭窄。我们赞美和看重智力的分析或逻辑方面，用 IQ 来测量它，并要求记住所学知识，但却忽视或贬低创造性思维的重要性和贡献。矛盾的是，我们却被马娅·安杰卢（Maya Angelou）、丹尼·博伊尔（Danny Boyle）、汉斯·季默（Hans Zimmer）、马丁·路德·金博士和 J. K. 罗琳（J. K. Rowling）之类的天才吸引和改变。只要感受到了天才，我们就能认出它来。它是能被感知的。

尽管能够识别天才，我们的文化叙事还是限制了我们的世界观，影响了我们的价值观和信念。我们狭窄的参照系意味着我们有时会对服务员时刻准备提供服务的热忱视而不见，对教师吸引一屋子 5 岁小朋友注意力的才能置若罔闻，对危机顾问帮助陷入麻烦的人找到恰如其分的说辞的智慧不屑一顾。

凯文·阿什顿（Kevin Ashton）在他《被误读的创新》（*How to Fly a Horse*）一书中挑战了我们习惯上认为"伟大的创新是由天才通过奇迹带给我们的"这种信念。他介绍了创造者工作的真实情况，例如莫扎特尽管天资极高，而且一直在艺术方面刻意练习，他还是时常会乐思枯竭。正如心理学家卡罗尔·德韦克（Carol Dweck）所言："我们所谓的天才，通常是多年激情和专注的结果，而不是从天赋中自然流出的东西。莫扎特、爱迪生、居里、达尔文和塞尚的天才不是天生的，而是通过巨大的、持久的努力培养出来的。"

事实证明，天才不只是智商极高，它也需要开放的心态。我们中的每个人都能比智商测试结果显示出来的更聪明。

创意被高估了

2014 年美国专利商标局一共收到了 615243 项专利申请，是
1980 年的 5 倍。这些"候任创新"中出现突破性的产品或服
务——成为我们日常生活的一部分的那些东西——的概率其实很
小。即便所有的成功概率看似都积聚在某一项创意上，也不能说
它的成功是必然的，别出心裁的谷歌眼镜、Segway 平衡车、巴诺
书店 Nook 阅读器、水晶百事可乐、新可乐、驿马快信就证明了这
一点。创意若不被人接受和使用，就什么也不是。

可以肯定地说，成功的创意对足够多的人的生活有意义，因
而才能存续下去。这些成功建立在民众想要、使用、谈论甚至热
捧的基础上。有价值的创意创造价值，包括有形的价值和无形的
价值。所以我们的工作就是训练自己理解什么在顾客的心里是有
价值的。

在我们的"智库"和创业文化中，我们过高地估计了拥有创
意的重要性。我们最好把精力投入到执行创意之前要做的对创意
的改进和评估上。

评估和改进创意有以下 6 个步骤：

1. 专注：优先使用不受干扰的思考时间。

2. 注意：练习关注行为、模式和异常现象。

3. 提问：养成提问的习惯。

4. 辨别：确定哪项创意应该首先落实。

5. 预测：将领悟转化为远见。

6. 尝试与检验：通过测试获取反馈。

简言之，我们需要为通向理解的深思留出时间。这说起来容易做起来难，因为我们时刻都在被变革了我们生活的数字设备所干扰。想想你每天要花几个小时来消化、反应、回复他人通过电子邮件和社交网络发来的信息？你又花了多长时间创造、思考和提问？

追逐独角兽

在商业世界中，成功和取得统治地位被认为是同一件事。人们相信，要成功，你就必须在竞争中取胜，俘获消费者的心；我们应该避开人潮拥挤的红海，避开竞争激烈的市场，避免被老谋深算的傲慢企业家打败。今天，独角兽初创企业（估值超过10亿美元的公司）是突破性创意的新圣杯。盈利能力常常要为规模让位，市场份额的增长是最重要的目标。这并不是说能孵化出独角兽公司的才智和有用创意不多，而是说这些创造者的初衷并不是要成为独角兽。

如果你深挖瓦尔比派克眼镜公司（Warby Parker）、优步（Uber）、照片分享（Instagram）、爱彼迎（Airbnb）的创始故事，你就会发现每个公司创始人的初心都是满足未被满足的需求，而不是达到10亿美元的估值。正如波士顿咨询集团2015年发布的世界最具创新力企业的报告所揭示的：

> 世界级的创新者正从工业部门或人口密集型部门转移到我们所谓"以需求为中心"的部门，该部门将消费者背景（消费者是谁，他或她怎么想，他或她会做什么）与情感或功能需求

结合起来，在此基础上做出决策。

换言之，独角兽之所以成为独角兽，并不简单地是因为它有成为独角兽的雄心，你也不一定要相信自己能够得到 10 亿美元的估值。

领悟力的敌人

一个秋日的早上，寒风凛冽，时钟指向了8点。在斯普林和伯克大街交会处的红绿灯附近，通勤者顶着风挤在一起。几个人停了下来，准备顺路去买带到公司的咖啡。一位女士似乎已经买到了她所有想要的东西，右手拿着杯子啜饮着，左手滑动着手机查看电子邮件。她抬眼看了看四周和交通灯，等待着过马路的信号。

在抬脚过马路的时候，她白色的雨衣被吹起，露出了剪裁得体的黑色西装。她在你前面只有三步远，所以你能看清她的鞋——一只中跟的，一只坡跟的。中跟的那只是黑色、闪亮的漆皮鞋，而坡跟的那只是雾面哑光的。她自信的步伐显示，她并没有发现她早上很可能是在匆忙中犯下的小错。或许她一直发现不了这个错误，直到一个同事在午餐时间试探着提醒她，甚至是在晚上下班之后才自己发现。生活片刻不停，她时而小心谨慎，时而心不在焉。发呆走神时的小错误常常来不及被发现。

罗杰·帕斯奎尔（Roger Pasquier）的手中没有苹果公司的股票，但他的确从智能手机中获益了。在退休之前，罗杰是一个鸟类学家，近30年来他也是一个金钱猎人，在纽约的大街上捡拾掉落的硬币和钞票。帕斯奎尔从 1987 年开始记录自己捡到的金额。从那时起直到 2006 年，他每年平均能捡到 58 美元。从 2007 年苹果开始发布 iPhone 开始，他每年平均能捡到 95 美元。因为紧盯着屏幕的人们不会注意到掉进排水沟的零钱。

行人逐渐沉浸在自己的手机里，所以悉尼市已经开始尝试嵌入地面的交通灯，以减少行人的死亡。（2015 年有 61 个行人在新南威士州的道路上丧命，比 2014 年增加了 49%。）我们出门越来越不看路了。

我们不需要这些故事来提醒我们注意自己有多心不在焉。在城市中任意一条道路上行走 100 米，你都有可能被紧盯着手机的人撞到。我们已经假定技术会丰富我们的选择，但事实正如谷歌设计伦理学家特里斯坦·哈里斯（Tristan Harris）所说，技术设计者（有意识或无意识地）利用你心理上的脆弱来吸引你的注意力。技术正在占领你的头脑。于是，我们的注意力越发涣散，错过的东西也越来越多。我们不只是在错失机会，我们正在丢弃思考和反思的机会。

注意力分散是领悟的大敌。

沉　浸

　　想象你是怎样开始这一天的，明天又可能怎样开启新的一天。今天早上你做的第一件事是什么？如果你属于一般的智能手机用户，那么你接触手机的时间是早上 7:31。可能你会在下地之前查阅电子邮件，或是翻看自己的脸谱网。大多数人会在醒来后的五分钟内查看手机，每天平均查看 46 次。这个次数还在增加，而且在年轻人中特别高。一些研究显示，有些人每天查看手机的频率高达 150 次。

　　我们花费大部分的清醒时间对偷走我们注意力的外部信息——吸引我们的、重要但不紧急的电子邮件和提醒——做出反应和回应。我们不再花费时间去留意、去提问、去思考、去反思，以及去做自己。我们的生活、创意以及工作因而每况愈下。"媒体不只是被动提供信息的通道。它们提供思考的原料，同时也塑造思考的过程。"我们获取信息的方式，而不只是我们了解的信息，改变了我们思考的质量。

　　我们体察到了周围的机遇，但我们没有腾出空间让自己深深沉浸在引起我们的好奇心并点燃我们想象力的东西中。正是这些东西向我们提出挑战并让我们获得满足。我们正在忽视自己最好的创意和最大的潜力的栖身之所。我们本不必如此。

付诸实践

2015 年 9 月 22 日，杰森·盖伊（Jason Gay）向他的推特粉丝发出了这样一段推文：

> 咖啡馆里有个人，坐在桌前，没在看手机，也没在看电脑，只是喝着咖啡，像个精神病。

这条简短的推文被转发了 34000 次，收到了 37000 个赞，而且数量还在增加。它似乎引发了共鸣。杰森偶然发现了一个关于当下现实的令人不适的真相——我们中的很多人不给自己留一点时间，将自己从工作或社交网络中剥离出来。为了对信息、想法、思想和他人的请求做出反应或回应，我们很少有时间不在看手机。我们不允许自己无所事事。我们几乎不会投入时间去思考自己的想法，也很少有机会去留意、提问和懒散地创造，大脑中也未留有空间去彻底地思考问题。我们这代人，连是否要带伞都要上谷歌查，而不是到窗前拉开窗帘自己查看。

所有类型的领导者（从菜鸟创业者，到跨国公司的 CEO）全力应对的一个最紧迫的挑战就是：他们没有时间反思。他们每天花费了大量时间去救火，去回应，去当机立断，以及在接到紧急请求或受到威胁时做出反应。也就是说，他们很少有时间为工作中遇到的问题寻找创造性的解决方案，也少有时间为自己生活中的问题寻找答案。

他们平时很少有时间去了解塑造他们价值观或引导他们做出决定的东西。繁忙的时间表不允许沉思，也不允许培养直觉。于是，效率和最佳的创意就只能是意外了。他们所得到的，充其量是防御性地执行不完整的计划或完整的坏计划，最坏的结果则是让自己的生活被无法完成的工作占据，最终导致职业倦怠。

如果我们给自己机会，我们就会把事情做好。这需要一种双管齐下的方法：只改变自己的行为是不够的，我们还需要改变思维模式，把我们的时间、精力和注意力花费在最值得的地方，至少要与我们在面对当下重要的事务时所需付出的时间、精力和注意力相同。

爆款的套路

Hunch:
Turn your everyday insights into the next big thing

第二部分　从每日的领悟到突破性创新

在我看来，直觉很有用，比智力强大得多，它对我的工作影响巨大。

——史蒂夫·乔布斯

直觉的作用

　　我们使用并相信直觉能够指引我们做出人生中最重要的决定。决定和谁约会，把自己交付给谁，在哪里工作和生活，买哪里的房子，是否要孩子——这些决定很少是通过向表格里输入数据做出的。我们在事前和事后会为这些决定辩护，或是将其合理化。众所周知，我们常常会做出错误的决定。即便如此，我们还是会有 50% 的概率对我们仅用直觉做出的决定感到满意。

　　我们同样会运用自己的直觉做商务决策，只不过很多人不愿意承认这一点。风险投资公司要做的，是计算初创企业成功或失败的概率。但许多风险投资公司坦然承认，他们做决策时最看重的不是创意有多好，而是他们有多信任这个创业团队。他们亟待解决的问题是这些人是否拥有成功所必需的东西。在这个专业能力用给出多少正确答案来衡量的世界，承认自己不是每次都能给出确定的答案是不明智的。所以，我们假装客观，假装自己确实知道。

　　即便是那些掌握着潜在市场和项目收益数据的最有经验、最成功的风险投资家，也会痛惜自己看走了眼。2008 年，你可以花 15 万美元购买爱彼迎 10% 的所有权。那一年的 6 月 26 日，爱彼迎的 CEO 布莱恩·切斯基（Brian Chesky）向硅谷的 7 位风险投资公司提出了这一报价。它们之中有 5 家拒绝了这个机会；另外 1 家没有回复。8 年以后，这 10% 的所有权价值 25 亿美元。这个创意被认为"不大可能成功""潜在市场似乎不够大"。有一家风险投资公司认为旅游是最有前途的电子商务种类之一，但却说："基于某些原因，旅游相关业务尚不能让我们动心。"

尽管掌握了硬数据和专业知识，我们还是有可能出错。即便是圈子里的专家，也不总能给出确定的答案。我们很容易理解为什么他们（或我们）有时会用数据为主观想法辩护，也很容易想象只因为觉得拍板一个具体的经营决定有多难。学习任意一种技能或专业都要用到直觉。下面的德雷福斯技能习得模型（Dreyfus

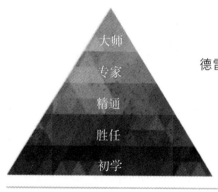

德雷福斯技能习得模型

初学	胜任	精通	专家	大师
非情境回忆	情境回忆	情境回忆	情境回忆	情境回忆
孤立的认知	孤立的认知	整体性认知	整体性认知	整体性认知
分析性决策	分析性决策	分析性决策	直觉决策	直觉决策
监测意识	监测意识	监测意识	监测意识	专注意识专家

Skill Acquisition Model）展示了我们习得某种技能的旅程。在从新手到精通的最初的三个阶段里，我们使用的是分析性的思考技能。只有在最后两个阶段——进阶成为专家或大师，我们才开始依靠直觉的力量来指导决策。

我们在用实践打磨自己的直觉。

标志和信号

　　紧急救灾人员每天都要在时间和信息有限的情况下做出决定。他们工作的成效，甚至他们是否能够存活下来往往取决于他们在没有掌握全部事实的情况下做出决定的能力。

　　救援火灾的消防员并不总能幸运地掌握所有必要的细节，并以此为基础确定正确的行动方案。主观判断的依据是过去类似情况的经验。五种感官中的任何一种都可以用来获得有关火灾性质的线索。每个新手消防队员都学过如何解读烟雾的四个属性：体积、速度、密度和颜色。学习解读和理解这些属性，并将它们与特定情况下火灾的表现联系起来，有助于加快灭火进程，甚至挽救生命。消防员在到达现场后的前五分钟如何反应会影响救灾结果。这些反应包括解读当前的情况，以及想象可能的行动方案如何能够实现。直觉所带来的领悟依赖于消防员阅读和解释火灾类型，并相应地做出反应的能力。自然决策领域的研究者认为，决策线索"涉及隐性知识，有时难以言喻"。

　　虽然没有意识到这一点，我们正在利用直觉的力量获得领悟，不仅是在生死攸关的时刻。正如我们的祖先在大地、潮汐和天空中寻找线索和变化一样，我们不断接收周围的信息，这些信息告诉我们下一步应如何反应。

实践出真知

新罗斯的苏珊·比尔（Susan Beal）一直想像她的父亲一样当一名医生。她从未考虑过其他选项。从悉尼大学医学院毕业后，苏珊继续专攻儿科。她在 1959 年与罗伯特·比尔结婚，并在 20 世纪 60 年代初移居南澳大利亚。他们共同抚育了 5 个孩子，同时比尔医生也在阿德莱德儿童医院（Adelaide Children's Hospital）的神经外科担任研究型住院医师。在 1970 年，她的任务是找出为何南澳大利亚有这么多婴儿死于婴儿猝死综合征（SIDS）。

比尔医生常常是第一个得知原本健康的婴儿毫无预兆地突然死亡的人。她的工作要求她在第一时间赶到刚刚遭遇丧子之痛的家庭。电话铃声在凌晨时分响起。比尔医生通常在清晨五六点离开家，那时她的家人还在沉睡。她有时到得比警察还要早，去安慰痛苦的父母，并尽可能精确地描画出这些悲剧发生的环境。她要在这些案例中寻找可能指向诱因的线索和模式。从 1973 年到 1990 年，比尔医生一共走访了 500 多个有孩子死于婴儿猝死综合征的家庭。在一篇 1978 年发表在《澳洲医学期刊》(*Medical Journal of Australia*) 上的论文中，比尔医生指出，在 126 例婴儿猝死综合征中，有 76 个婴儿是面朝下趴着的。证据似乎支持她的直觉：婴儿猝死综合症风险与睡眠姿势有关。这样的认知让她成为世界上第一个主张婴儿应该仰卧而不是俯卧的医学专家。尽管不是唯一的风险因子，睡眠姿势确实是"主要的、可控的"原因之一。

比尔医生的研究还在继续，她开始进入公众的视线并参与教育宣传，正是她的工作让西方婴儿猝死率有了显著的下降。从1989年开始，得益于教育宣传，澳大利亚婴儿猝死综合征的发生率下降了85%，约7060条小生命得到了挽救。在其他按照比尔医生的建议开展教育宣传的发达国家，婴儿猝死率也下降了。从1989年到1992年，英国婴儿猝死案例甚至下降了近50%。米切尔（Mitchell）和布莱尔（Blair）2012年的一份报告估测，在英格兰和威尔士，共有17000名婴儿免于死亡。在美国，这一数字超过了40000。这一难以置信的世界性影响全部源自一个女人锲而不舍的专注实践。

重新定义问题

史蒂夫·乔布斯曾经说过："创造不过是把事物联系起来。"当我们为观众、为服务于大众而创造的时候，我们就是在自己所能提供的东西与大众想要的东西之间制造联系。传统的教育、测试和评估主要是在鼓励和奖励我们对定义清晰的问题给出正确的答案——从 A 走到 B，并展示自己是如何做到的。即便学校和公司鼓励我们"跳出框架思考"，但这只不过是要我们找到从 A 到 B 的新路径。

而现实是，真正有创造性的解决方案常常始于对问题的再次思考，以及对出发点和终极目标的重新塑造。真正的创新与找到从 A 到 B 的其他备选路径无关；它关乎直面新的 A 和 B，它关乎以开放的心态重新定义问题的开端和解决方案，也关乎我们为何要建立新联系或开辟新路径。每一种变革我们生活的产品或服务，从轿车到拼车软件，从 Kindle 到维基百科，都是对新的 AB 组合重新思考的结果。

19 世纪的英国人类学家约翰·卢布克（John Lubbock）说："我们看到什么主要取决于我们寻找什么。"我不确定他指的是否就是我们应该以不同的方式接近问题，但我愿意这样想。一位校长就重新审视了普遍发生的长期旷课问题，该问题会毁掉全球数百万孩子的前途。我们知道长期旷课（每年缺课超过 10%）的问题在低收入家庭更严重。这些孩子的长期旷课率要比他们的同龄人高 4 倍，原因常常在于他们掌控不了的外部因素。他们的学习成绩、退学率和前途自然会受到影响。美国中途退学的学生，其失业率一直在 45% 的高点徘徊。

梅洛迪·冈恩（Melody Gunn）博士是圣路易斯市吉布森小学的校长，他对学校的低出勤率感到困惑。常见的干预手段，比如免费午餐或午餐补贴、校车配置，都不能对出勤率产生积极的影响。冈恩博士决定深入这些学生的家庭一查究竟。在倾听了学生和家长的谈话之后，她发现了自己从未想过的东西。这些家庭都在勉力维持生计，所以孩子们不是每天都有干净的衣服穿去上学。有些家长需要面对养家糊口和交电费的压力。如果断电了，他们就不能洗衣服。还有的家庭难以负担购买一台洗衣机的费用，或者根本买不起清洁剂。问题不在于孩子不聪明或不想上学——他们只是不好意思穿着脏衣服上学，所以才留在了家里。

冈恩博士开始考虑如何处理这个问题。潜在的解决方案源于对新的 A 和 B 的思考。如果学校提供洗衣设施呢？冈恩博士来到洗衣机制造商惠尔浦（Whirlpool）那里寻求帮助。为了弄清问题的严重程度，公司展开了独立研究。他们发现，有五分之一的孩子没有干净的衣服穿。于是他们推出了实验计划——向 17 所学校捐赠了洗衣机和烘干机，其中就包括吉布森小学。该项目开展还不到一个月，这些学校的出勤率就发生了改变。在第一年里，项目追踪的学生有 90% 提高了出勤率，教师报告说，这些学生中的95% 都更有动力上学了。这个简单且相对成本不高的干预手段改变了几千个学生的生活。如果梅洛迪·冈恩博士不质疑自己的假设并重新构想让学生们获益的方法，这一切就不会发生。

改变思维方式

我的母亲在家里 11 个孩子中排行第十。她六岁的时候感染了肺结核，进入了坐落在都柏林郊区的皮芒特（Peamount）疗养院，还因治疗耽误了两年学习。皮芒特没有教室和老师。在此养病的孩子们有游戏室，也有绘画的材料。母亲不记得那里有书，但她记得一个照看生病孩子的女人教她画了一架竖琴。她那时可能还不会读和写，但一年半以后，她"绝对能把竖琴画得很好"。

在八岁生日前夕返回学校之时，她的功课已经落得太远了，所以只能和更小的孩子同班。她不断央求她的母亲让她回学校，但是当她坐在 H 老师班里时，她又后悔了。H 老师喜欢挑错，被挑出错来的学生，随时都会被她贴上"蠢驴"的标签。她一直批评母亲，就因为母亲把拼写对了但心里不确定的单词用括号括起来，甚至在她答对了其他孩子答不出来的数学题时也不放过。事情过去了 70 年，母亲仍旧要再三检查自己的拼写，即使拼对了，她也常常觉得是错的。

她的观念和行为可以通过心理学家卡罗尔·德韦克（Carol Dweck）对人类动机的研究来解释。该项研究表明，改变人们对自己智力的感觉，会影响他们成功的概率。认为智力是与生俱来、固定不变的，这种观念危害甚巨。这会让最有天分的人更害怕挑战，更不愿接受失败。

实际上，专注于努力并养成对学习的热爱，而不是能力本身，才是成功的关键。即便是聪明人，一旦他认为自己的能力遭遇了天花板因而停止尝试，他就不可能通过持续的努力提升自己。如果相信结果无法改变时，我们就会放弃。相反，如果我们相信自己能做得更好，我们就真的能做到。

有趣的是，这条原则不只对学术或事业成功有效。它对处理人际关系也同样有效。拥有成长心态的人对改变的可能性持开放态度，相较于那些抱有固定心态的人，他们更有可能在关系中提出问题。

我们在任何领域中的能力都不是注定的和固定的。既然我们可以通过持续的努力成为更好的学生、伴侣、领导和运动员，我们同样可以提升能力，从日常领悟走向突破性的创意。

天才没什么特别

天才是一个奇怪的词。每个人都看得懂，但没人想要拥有。这个词让我们非常不安，以至于我们这个时代最有才华的记者和学者费心尽力地用别的词来替代它。想想马尔科姆·格拉德威尔（Malcolm Gladwell）的《异类》（outliers）和亚当·格兰特（Adam Grant）的《离经叛道》（originals）。成功、睿智、有学识、有成就、聪明、有才华、有灵感、有创造力、聪明、精明，甚至是有天赋，这些标签我们都能处之坦然。但"天才"意味着要承认我们能以自己的方式表现超常和非凡，并且承认自己有责任用它来做点什么。

约瑟夫·瑞文内尔（Joseph Ravenell）对此记忆犹新：从五岁起，每两个星期六，他无一例外都会和父亲一起光顾附近的理发馆。他们社区的大多数黑人男子都会到那里剪头发、刮胡须。他们像上了发条一样为友情、谈话和社区而来。

后来，年轻的医生瑞文内尔博士敏锐地发现了城市黑人伤害自身健康的行为以及由此产生的后果。作为一名家庭医生，他一直在思考改善病人身体状况的方法，特别是40%的黑人都有的高血压。他们中因高血压身故的人要多于其他疾病，尽早发现可以很大程度上降低相关风险，从而挽救生命。瑞文内尔博士致力于找到一个更好的方法让黑人参与对话，监控疾病，对他们的健康负责。他紧随其他黑人医生如基斯·费迪南（Keith Ferdinand）、伊莱·桑德斯（Eli Saunders）、埃里克·惠特克（Eric Whitaker）的脚步，将改善健康的服务带到了城市黑人社区，并为黑人量身定制保健服务。

瑞文内尔博士的研究旅程起始于医学院，从那时起他就关注黑人群体，研究他们的想法和习惯，以便设计出有效的保健干预。他发现黑人认为看起来好就是真的好，他们有时甚至会觉得受到了医生的威胁。医生的诊室常常与"恐惧、怀疑、缺乏尊重、不必要的不快"相伴。这就是他们的病情很少被监控和医治的原因之一。瑞文内尔博士相信一定有更好的办法能更多地接触到这些人，让他们感受到自己能得到帮助，并以此增进他们的健康。

丹尼·穆厄（Denny Moe）在黑人社区哈莱姆的超级明星理发店（Superstar Barbershop）骄傲地承诺要为客人提供"世界级的剪发和一流的服务"。"世界上充斥着各种各样的问题，"他们在自己的主页上写道，"剪发绝不会是其中的一个。在丹尼·穆厄的理发店敬请放心。"丹尼·穆厄是社区里令人尊敬的领导人物，多年来一直为瑞文内尔博士剪发。瑞文内尔博士清晰地记得，一次他去理发的时候，丹尼·穆厄对他说："医生，你知道吗，很多黑人更信任理发师而不是医生。"这让瑞文内尔博士思考如何利用信任关系帮助人们改善健康。

丹尼·穆厄后来成为最早参加瑞文内尔博士的健康倡议的一百个理发师之一。达拉斯和纽约的理发师接受培训，学习如何测量血压，如何为血压高的顾客提供建议。参加项目的理发师接触了数千个高血压的老年黑人，其中有 20% 后来血压达标了，心脏病和中风的风险也因此降低了。大多数人只看到了理发店，约瑟夫·瑞文内尔看到的是机会。

不是所有的突破性创意都诞生于象牙塔，天才也有许多种类型。突破性的进展常常源自真诚的关切，再加上在看似不相关的两件事之间建立意想不到的联系的能力。天才没有什么特别，它取决于我们的世界观、我们的态度，以及我们改变现实的意志。这些都不能通过考试分数轻易量化。它关乎睁开眼睛、敞开心扉在世界穿行，并透过特别的滤镜去观察。它关乎如何发现未满足的需求，如何创造影响力，以及如何制造有意义的创意。它是你可以选择发展、放大或忽视的东西。

我们看到的并不是全部

老人在中央公园布置他的"喷绘艺术"摊位时，天气看起来还很不错。这是一个晴朗的周日早晨，对于散步来说简直完美。摊位中间清楚地写明了每件60美元。现在，他要做的只是等待周末的散步者和路过的游客。在这样一个完美的日子里，生意来得出乎意料地晚。有几百人在去和朋友喝咖啡的路上经过这里，有些人推着婴儿车，还有人提着塑料袋从第五大道购物回来。这个老人有充足的时间坐下来吃午餐卷饼而不被打扰。

几个小时过去了。直到下午3：30他才做成了第一笔生意，以五折的价格卖出了两小幅帆布画——那是一个女人买给她的孩子们的。生意终于有了起色。下午4点，一个来自新西兰的游客也买了两幅。正当他考虑早点打包回家时，一个正在装修新房，"需要买点什么挂在墙上"的男人也买了四幅。这个老人一天总共赚了420美元。

路过的行人和幸运的买家不知道，老人出售的艺术品就是世界上最著名的街头艺术家班克斯（Banksy）的签名真迹，每件作品估价约42000美元。然而，在中央公园的那个晴朗的周日，它们的估价受到了潜在买家体验它们时所处的环境的影响。艺术品的真正价值并不会显现在没有受过训练的人的眼前。如若这些画作挂在纽约现代艺术博物馆中，故事和结局会有很大不同。一件物品的摆放位置和被赋予的意义会影响我们对它的感受。背景环境能够改变我们对物品价值的感知，即便这件物品本身根本没有发生改变。正如谷歌的布莱恩·威尔（Brian Welle）所说，我们"在很大程度上被我们认为是真的的东西所引导"。

当然，艺术专家能够看出中央公园"喷绘艺术"的真正价值。但是，就像毫不知情的路人，除非你知道你在寻找什么，你就不会发现班克斯的画。突破性的创意也是如此。我们会被我们的想法和知识所蒙蔽，并因此忽视眼前的机遇。这样的事或大或小，全世界每时每刻都在发生。

20世纪20年代，双胞胎兄弟迈尔斯·奥布莱恩（Miles O'Brien）和约翰·奥布莱恩（John O'Brien）在印第安纳州的南本德经营着一家成功的制造厂。在那里，他们发明了一种用来制造枪筒和汽车齿轮的机床。1925年妻子安娜不幸身故之后，迈尔斯一边抚养两个女儿弗朗西斯和玛丽恩，一边经营工厂。母亲去世时玛丽恩只有七岁。她是一个好奇心很强的姑娘，放学后和假期里喜欢在父亲的工厂里打发时间。迈尔斯注意培养她的好奇心，在她还是个孩子的时候帮她完成了她的第一个发明（牙粉）。

在大学里，玛丽恩学习的是英国文学，毕业后做了《时尚》（Vogue）杂志的助理编辑。在之后的1942年，她与詹姆斯·多诺万（James Donovan）结了婚。这对夫妇育有两个女儿，一个儿子。

1946 年产下第二个女儿之后，玛丽恩越来越为固定在婴儿臀部，穿在松紧的橡胶裤下的布尿布而烦恼。这种设计为母亲和孩子带来了不少麻烦。布片的吸水性不足以防漏，所以母亲需要经常性地更换和清洗，孩子也不舒服。安全别针并不安全，橡胶裤也不透气——水分会被锁在婴儿的皮肤上，引起尿布疹。有弹力的腰部和腿部还会留下勒痕。全球数百万女性每天使用的产品怎么会设计得如此糟糕？

玛丽恩从有着同样烦恼的其他母亲那里获得了灵感，开始着手解决这个问题。她用浴帘和缝纫机制造了测试产品——第一个可重复使用、防漏的尿布套，她将其命名为"硬草帽"。

最终版的产品使用了按扣，并用降落伞的透气尼龙材料制成，降低了尿布疹的发生率。她将产品带给了行业领导者，希望能够投入生产并投放市场。

在 20 世纪 70 年代的电视采访中，玛丽恩讲述了这个创意遭到拒绝的故事。"我找到了你能想到的所有大人物，他们说，'我们不需要它。没有女人这样要求过我们。她们都很开心，也买下了我们所有的婴儿裤'。所以，我只能自己生产。"

1949 年，"硬草帽"在萨克斯第五大道精品百货店上架并一炮打响。1951 年，玛丽恩为这项发明申请了四项专利，并以 100万美元的价格出售给了科克公司（Keko Corporation）。终于，她发明了一种用吸水纸做成的一次性尿布，而这将大大减少洗衣的次数。这种尿布的样品再次被业内的所有制造商拒绝。玛丽恩没能找到合适的合作伙伴让她的产品成为商业现实。此时距离宝洁公司 1961 年首次推出 100% 一次性尿布还有十年。到 2006 年，一次性尿布占据的市场份额已经达到了 95%。2014 年的数据显示："美国人每年使用 274 亿片一次性尿布，其长度至少相当于地球到月亮距离的九倍。"*

许多制造商和业内人士都有机会在玛丽恩·多诺万之前认识到现有产品的缺陷。他们有资格率先创造世界翘首以待的产品。他们只是没有看到这些缺陷，因为成功蒙蔽了他们的双眼。这些大人物并没有意识到需要寻找替代性方案来解决他们认为已经解决了的问题。一位全职母亲挑战了原有的假设，提出并回答了一个全新的问题。玛丽恩·多诺万于 2015 年入选美国发明家名人堂。

幸运的是，与每一项技能一样，你可以学习如何通过练习来挑战假设。

＊一次性尿布约占所有家庭垃圾的 4%，它们需要 500 年才能分解。提出什么问题可以帮助我们解决一次性尿布引起的问题？ 提出这些问题的会是谁？

创意 vs 机遇

创意与使其成为机遇的东西之间存在微妙的差异。

创意是在寻找问题的解决方案。从表面上看，创新拥有改变一切的能力。

创意 = 寻找问题的解决方案

Segway 平衡车就是一个很好的例子。这种两轮的平衡车在 2001 年亮相时被誉为未来的交通工具。如果没有明确的目标市场，或者对 Segway 的使用环境有充分的考虑，它就不会被消费者广泛地接受和使用。在该产品推出十多年后，分析师预测 Segway 在研发阶段的初始投资不太可能收回。

机遇是寻求解决方案的问题，创意是对这些问题的来龙去脉的思考。约 80 年前，俄克拉荷马的超市老板西尔万·高曼（Sylvan Goldman）注意到顾客在篮子太重或太满时就会停止购物，于是他发明了购物车。

机遇＝寻求解决方案的问题

我们生活在这样一个时代，全球的公司都在担心破坏性的力量，并在谈论"更具创新力"和"破坏或死亡"的必要性。初创企业通过尽快地大规模生产来维持自己脆弱的原创性和破坏性的力量。利润常常让位于增长。

当然，抓住机遇需要的不仅仅是发现机遇的能力。一项好创意，没有健全的商业模式就可能失败；一项坏创意，就算聚全球之力也无法挽救。虽然执行非常关键，但是感知何者重要且值得执行，会决定你是庸庸碌碌还是卓尔不群，是失败还是成功。

突破性创意，不要从创意出发

我们用科学来证明，用直觉来发现。

——亨利·庞加莱（Henri Poincaré）

研发实验室 X，以前叫做 Google X，现在是 Alphabet 的一部分，还被称为"登月工厂"（moonshot factory）。他们正致力于解决可能影响数百万甚至数十亿人的问题。他们非常清楚，一个登月项目并不是从一系列可能的解决方案开始的，它始于一个几乎不可能解决的大问题。研发实验室 X 相信，一旦研究人员开始使用突破性技术为大问题创造彻底的解决方案，登月就开始了。

不过，在确定哪个问题值得解决之前，他们还有其他事情要做。他们创造了一种文化，风筝冲浪者可以与雕塑家合作完成风力发电项目，时装设计师和航空工程师可以一起设计一个让每个人都能上网的气球。他们创造出一种环境，在这种环境中不会有任何预感在失败之前就被抛弃。他们通过犯错来进步。他们独特的文化培育出能够带来突破的行为。

以意想不到的非线性方式发现并取得突破的情况，并不仅仅出现在高科技领域。 理查德·布兰森指出，他成功的秘诀之一就是习惯做笔记并随身携带笔记本。据传亚马逊创始人杰夫·贝佐斯会用拍照的方式来记录不尽如人意的创新。历史告诉我们，从达芬奇到爱迪生等最伟大的思想家和创造者，他们的行为方式可以帮助他们更多地注意和记录，让他们从观察到的东西中有所收获。没有尝试的意愿，就无法成就辉煌。

发现被行为点亮。

情　商

同理心专家罗曼·克兹纳里奇（Roman Krznaric）讲述了一个神奇的故事：他两岁的女儿试图用自己的泰迪熊安慰她哭泣的双胞胎兄弟。仅仅六个月后，两岁半的她在面对类似情景时，给了她的双胞胎兄弟他自己的泰迪熊。即使年龄特别小，他的女儿也知道对不同的人来说，重要的东西也是不同的。她已经受到了同理心的影响——她运用了自己的直觉。我们很早就学会了设身处地地理解他人。

同理心不仅仅是健康社会的基石，它对于任何有意义的工作都是必不可少的。但它并不是我们文化中受到重视或被提倡发展的东西。

直到这个小女孩幼儿园毕业，甚至在她进入学校后的十二年里，她的情商都很可能会被忽视，而不是被培养。有人会教导她，要她在与同龄人的竞争中生存下来并赢得知识的竞赛。她将因为对明确定义的问题给出正确的答案，并记住已知的事情而获得奖励。

情感不只是"锦上添花"的东西，它对理性决策至关重要。

让我们记住并影响我们的，不只是我们经历过的事实，还包括我们曾经有过的感受。神经科学教授安东尼奥·达马西奥（Antonio Damasio）的工作成果显示，情感不仅是大脑状态的变化（对刺激做出反应），它们也会引起生理上的改变，包括身体、心率、荷尔蒙、姿势和表情。这些改变传递到大脑，在那里被转化为情感，为我们提供有关情况或刺激的信息。长久以来，我们将情绪和它们给身体带来的变化与我们过去的经历联系起来。例如，当我们听到一只狗在附近吠叫时，就会触发之前被狗咬伤的恐惧感和身体信号。做决定时，这些感受和身体信号会影响我们的行为，因为我们会将它们与积极或消极的结果联系起来。对过去经历的记忆会影响我们的生理状态，从而指引我们做出我们相信能使自己摆脱伤害的决策。

正如达马西奥所说："我们长久以来构建的大部分智慧，实际上源于我们对情感如何表现以及我们能从中学到什么的把握。"我们的直觉指引我们去关注这些熟悉的模式。

在不断变化的商业和职场世界中，现在被需要，且越来越多地受到奖励的技能，就是使我们成为社会中最全面、最具创造力、最具协作性、最慷慨和最有直觉力的贡献者的那些技能。所以，我们有责任发展自己的这些技能。

构建意义

在变化的世界中，好学者有福了；老学究将发现自己适应的只是一个已经不存在的世界。

——艾力·贺佛尔（Eric Hoffer）

如果我们不去注意这个世界缺少什么，我们又怎么能注意到世界想要什么呢？如果我们不花时间去注意现在正在发生什么，我们如何决定下一步该怎么做呢？只有去注意人们的行为方式，我们才能发掘他们未说出口的欲望和未被满足的需求。构建意义类似于将日常生活放在显微镜下，借此发现可能隐藏在细节之中或行为背后的东西。作家和品牌专家马丁·林德斯特龙（Martin Lindstrom）鼓励大品牌到客户家中拜访，观察所谓的"小数据"，这将帮助他们了解客户为何这样或那样做。聪明的品牌已经在这样做了。

例如，宜家会研究人们在不同的住宅中乃至世界各地的城市里如何醒来、会面和用餐。从他们发布的《家庭生活趋势报告》中可以管窥一个成功的国际品牌如何利用他们对人们日常生活的观察——从醒来时感觉如何，到如何整理厨房——来开发消费者喜爱的产品。最近的报告显示，宜家一共做了 12000 次访问，并在消费者的家中安装了定时照相机。他们观察到，人们嘴上说自己的沙发主要是用来坐或休闲，但实际上他们更多地是躺在上面。诸如此类的领悟为新产品的开发提供了信息。当然，宜家也不是唯一一个这样做的国际品牌。

研究生戴夫·吉尔博（Dave Gilboa）发现，许多人无力承担处方眼镜的高昂价格，这种眼镜有时与一台 iPhone 的价格相当。这个领悟促使他参与创办了独角兽初创公司 Warby Parker——将电子商务和优秀设计结合起来，以合理的价格为成千上万的顾客提供服务的眼镜公司。特拉维斯·卡兰尼克（Travis Kalanick）发现，人们最不喜欢租车的两个原因是等待和不确定性。这一领悟促使他在 2010 年推出搭车应用"优步"。优步的一些特性满足了出租车行业未能回应的消费者诉求。

史蒂夫·乔布斯明白，某物带给人的感受与它的功能一样重要。就是这个简单的领悟激发了他对简单、优雅设计的痴迷，苹果公司的所有产品都得益于此。这个领悟帮助苹果公司成为最受欢迎的大众品牌和世界上最有价值的公司。

这些发现都是普通人所做的天才行为。这些想法谁都可能拥有，但你需要训练自己注意他人忽视的东西，然后发挥自身的潜力。这些企业家并不是简单地提出意见，他们还尽力去理解为什么会存在那些想法或世界观。他们没有得到所有的答案，但他们知道这些问题值得思考。

创意开始的地方

1926 年，社会心理学家格拉哈姆·瓦拉斯（Graham Wallas）这样描述创造的四个阶段：

1.准备：从提问开始

首先提出一个需要解答的疑问，一个需要解决的问题，或一个需要实现的机遇。研究并收集背景信息。

2.孵化：寻找答案

思考问题并挑战假设。在这个阶段，你需要有意识或无意识地用已知的东西以及你的技能和专业知识，去质疑你不知道但相信是真的的东西。

3.启发：找到解决方案

产生领悟，产生如何解决问题或实现机遇的创意。

4.验证：尝试与检验

实施你的创意，检验它是否有用。

下面来看看现实生活中这四个阶段的例子。

让小朋友多吃水果的创造性方法

1. 准备：从提问开始

如果你想成为取得突破性进展的创新者、企业家或任何形式的创造者，你别无选择，只能从提出需要检验的假设开始。你首先要了解自己知道的东西并发现自己不知道的东西。提问是创新的起点，你可以通过注意观察找到问题。

例如，我们怎样才能让孩子吃一整个水果，而不是只吃几口？这是康奈尔大学食品与品牌实验室的研究人员提出的问题。他们知道，按照"国家学校午餐计划"的要求，孩子们会得到一个苹果，但他们常常只是咬上几口就把它丢进了垃圾箱。

2. 孵化：寻找答案

有了框定问题的提问，你就能找到答案。初始的假设是小朋友因为不喜欢苹果所以浪费了它们。但如果还有其他原因导致孩子不能吃完苹果呢？康奈尔大学的研究人员通过与孩子们交流来挑战自己的假设。他们发现，如果你嘴很小或是带了牙箍，要吃下一整个苹果就不一定那么容易了。大一点的女孩们告诉他们，苹果"吃起来太麻烦，所以不想吃"。

3. 启发：找到解决方案

领悟来自深入挖掘。通过挑战自己对问题原因的假设，研究人员更好地了解了孩子们的想法并产生了领悟。倾听孩子们的想法让康奈尔大学的团队获得了关键的领悟：问题不在于水果的味道不好，而在于它吃起来不方便。该团队想知道提供切好的水果是否能改变孩子们的食用感受。

4. 验证：尝试与检验

有了可能的解决方案，你就可以设计方案来检验它们。研究人员设计出一项干预措施，用以检验水果切片是否会对孩子吃多少苹果产生影响。一些学校收到了水果切片机，而对照学校则仍旧供应整个的苹果。研究人员记录了苹果的日销售量（在有切片机的学校中增加71％）以及苹果的浪费情况（减少了48％），他们得出结论："切片水果比整个的水果对孩子更有吸引力，因为吃起来更容易且更整洁。"该结论在切片水果的一般消费趋势中得到了证实。

创意源于我们的一种需要——我们需要更深入地理解某物并修复它不好的地方。创意起始于我们不得不回答的问题。

作为人类，我们生来就会为我们从经验中收集到的信息建构意义。这就是我们的祖先在剑齿虎、饥荒和瘟疫中幸存下来的原因，也是人类今天仍然存在的原因。通过练习，我们可以学会在需要做出判断或决定的时候利用这种与生俱来的能力。我们首先质疑自己的假设，然后根据已知的情况采取行动，最后评估我们得到的反馈。

在我们想办法解决问题时，领悟就（有意识或无意识地）产生了。领悟有时从天而降，我们甚至还没来得及主动地思考这个问题。预感是领悟和远见的结合体。人们通过理解"这是什么"和询问"这可能是什么"来获得它。预感给人感觉像是一个迅速的判断或突然闪现的灵感，但它实际上我们是通过自己的专业知识、过往经验，以及对周围世界的运行模式和反常现象的观察得到的。

医生的专业技能在他学生时代在患者的病史中寻找潜在的病理学线索以及疾病的征兆和症状时就开始发展。企业家的能力通过他持续地关注世界的运作方式，注意人们未被满足的需求，了解人们想做但不能做的事情，以及寻找解决问题和创造价值的机会发展起来。成功的创新者或企业家会看到现有的问题，想象未来的积极成果，从而创造出成为突破性创意的解决方案。他的预感来自他过往的经验以及设想未来的能力。

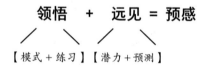

领悟 ＋ 远见 ＝ 预感
【模式＋练习】【潜力＋预测】

预感与猜测不同。在预测投掷硬币的结果时，你的选择并非源自对可能的结果的领悟。它只是猜测。有一只黑猫从你面前走过（在某些文化意味着好运），于是你立即购买了彩票，因为你预感到今天你的幸运日，这是迷信，而不是领悟，它不太可能影响那个一千四百万分之一的获奖概率。通过识别潜在的机遇，突破性的想法就这样诞生了。它们不是偶然产生的。绝佳的想法很少，如果有的话，就是意外所得。

预感的诞生

　　我们的领悟力并不取决于我们所拥有的特殊环境、优势和资源。这些东西大公司有的是，但他们仍旧不能预见未来。拥有杀手级预感的人领悟力很强，因为他们一直在有意识地开发自己的三种品质。他们的预感源自领悟，而领悟则源自好奇心、同理心和想象力。培养自己的这些品质，我们就能更容易地发现机遇，否则我们就会对机遇视而不见。预感是这三种品质的交集。

预感的诞生

　1. 好奇心
　　兴趣＋注意力：

学会发现问题，并分辨出哪些问题值得解决

2. 同理心

世界观 + 理解：

理解遇到该问题的人的感受

3. 想象力

背景 + 经验：

以已知为基础，把各种想法联系起来，并描述未来的新可能。

随便思考一条创新、发明或创意：从微小的改进到突破性的进展，从筷子到运动相机，从洗手液到疫苗。当你深入挖掘它们的起源时，你会发现产生制胜创意的人都有好奇心、同理心和想象力。这些人并不特别——他们只不过学会了关注这个世界正在等待的东西。

爆款的套路

Hunch：
Turn your everyday insights into the next big thing

第三部分　谁、什么，以及怎样

你称之为生活的周遭一切，都是由不比你聪明的人造就的。

——史蒂夫·乔布斯

这一部分讲述了这样一些人的故事，他们的日常领悟形成了预感，而这些预感后来被他们发展成了突破性的创意。你还记得吗，好奇心、同理心和想象力是需要你打磨和练习的品质，它们会成为你的撒手锏。下面的故事会按照这些品质分组。每个部分后面都有一系列问题和活动，它们会帮助你变得更有好奇心、同理心和想象力。或许你想先把本书读完，在采取行动之前再重新阅读这些问题。你不需要完成每个部分的所有问题和练习。请随意浏览那些吸引你或让你激动的问题和练习。

拥抱好奇心

我并没有什么特殊的天才。我有的不过是强烈的好奇心。

——阿尔伯特·爱因斯坦

　　孩子在一岁左右就会用手指物。在学会说话之前，他已经找到了提问的方法。他不断成长和发展，平均每两分钟就要问三个问题。他的好奇心被报以骄傲的微笑和耐心的解答，幸运的话，还会有爱的对话和更多的问题。他将学到，所有的理解都是从未知开始的，他将从试验、尝试和失败中获得快乐，并因而取得成功。

　　随着年龄的增长，他将意识到他不会因为尝试，而会因为掌握了正确的答案而获得奖励。他最好知道所有问题的答案，尤其是考试中的那些。他的未来取决于此。他将学到用手去指是粗鲁的动作，好奇害死猫。人们教导他要时刻把事业放在心上，不要多管闲事。人们督促他不要再提问题，不要查找，不要思考。他越来越多地获得同行的认可，不是因为他有激情，而是因为他时髦有趣。他学会了在正确的时间说出正确的话，学会了找到已知的正确答案，学会了剔除看似不切实际或无关紧要的选项。毕竟，正确答案只不过是有需要时快速搜索 Google 就能得到的东西。他从来没有更好的机会去发现更多，他甚至越来越少地尝试理解。

好奇心（Curiosity）源于你想要知道你所不知道的事情。这个词来自拉丁文 cura——关心、小心和勤奋。好奇心有三种类型。对不同事物的好奇心指的是我们对新奇事物的渴望，它就是我们点击猫视频并滚动浏览脸谱网的原因。同理心层面的好奇心是想要看到他人所处的世界从而理解他人。认知层面的好奇是我们对更深、更直接的理解的追求，它促使我们探索、提出问题并建立联系。好奇心激励着我们去解决问题并创造性地思考。乔治·洛文斯坦（George Loewenstein）教授用"信息差距"——我们知道的和我们想要知道的之间的差距——来描述它。当我们对激发我们踏上发现之旅的东西一无所知时，我们会感受到这种信息差距。

互联网和数字技术减少了欲望与满足之间的矛盾，缩小了问题与答案之间的差距。追赶下一波浪潮的声控设备，如亚马逊的 Echo，想在无形中实现上述目标。我们不曾得到机会去寻找更多的答案，甚至还遗忘了停下来质疑的重要性。从伽利略到爱因斯坦，从毕加索到乔布斯，从乔伊斯到格拉德威尔，我们的世界一直被最具好奇心的人塑造。正如奥斯卡金像奖得主詹姆斯·卡梅隆所言："好奇心是你拥有的最强大的东西。"

我们应该竭尽所能去拥有它。

案例分析：好奇心

像手套一样合适：我们怎样才能成为世界最佳？

"现在没人熨衣服了，卡罗尔。"她的老朋友安吉拉说。对于这种说法，卡罗尔已经习惯了。是的，当然，在局外人的眼中，在似乎正在萎缩的市场中经营一家企业是一件愚蠢的事情。文化的转变、女性在家庭和工作场所中角色的转变，以及服装设计和时尚选择，都导致了熨衣人数的下降。1994年初，卡罗尔·琼斯（Carol Jones）和维克多·普列雪夫（Victor Pleshev）着手制作世界上最好的烫衣板盖布时，85％的澳大利亚家庭都有烫衣板。今天这个数字几乎减半，只有43％。不过，卡罗尔的经历和不断增长的客户数量讲述了一个完全不同的故事。

市场研究顾问卡罗尔和成功的建筑师维克多（卡罗尔的合伙人）都是1992年澳大利亚经济大萧条的牺牲品。他们失去了一切，卖掉了他们能卖掉的所有东西，从悉尼巴尔曼郊区富裕的海滨搬到了距此几个小时路程的农村。他们的活命钱来自维克多上一个项目的尾款。他们正计划开展小众产品的设计业务。维克多经常受托设计书柜和优雅的室内景观，所以他们两个人想知道这是否可以成为一项可行的业务。

他们的第一个产品完全出自偶然。那是一块熨烫板盖布，设计它是为了给维克多的母亲玛格丽塔做礼物。玛格丽塔中风后身体右侧无力。她发现自己难以完成一些需要自理的简单的日常工作。她的熨衣板盖布四处滑动，让她无法完成熨烫。卡罗尔和维克多更换了几个盖布，但都没有效果。玛格丽塔无法将带有拉绳的盖布拉紧，于是盖布就会皱起来。维克多觉得，既然他有能力设计一幢多层的建筑，设计一个固定在熨衣板上的盖布肯定不在话下。

经过六个星期的研发与试错，他们将名为"像手套一样合适"（Fitz Like A Glove）的熨衣板盖布邮寄给玛格丽塔，然后就把它抛诸脑后了。几天后，她接到了二十个订单。卡罗尔和维克多的餐桌变成了一个临时的裁缝工作室，他们继续生产着这个世界似乎一直在等待的产品——高品质熨衣板盖布。这种盖布让熨烫成为一种乐趣，因为它适合所有的熨衣板，并且丝毫不会移动。订单不断涌来：二十个，四十个，然后是一百个。当订单数达到五百时，卡罗尔不得不离开他们的餐桌，宣布成立公司，制造工作在澳大利亚一家雇用残疾人的小型工厂进行。以 1994 年的一个问题解决方案为起点，第一年他们的邮件列表上有 630 个名字，约 3000 个订单，现在他们在 29 个国家拥有 400000 个客户，电商业务已经发展到六位数。

大多数人，包括他们最初为扩大业务而求助的三家银行，都告诉卡罗尔和维克多，他们的生意在这个下滑的市场中并不可行。这些人和一些规模更大的竞争者未能意识到，那些留在熨烫市场中的人恰恰是熨烫爱好者（或者至少想把衣物熨好，因为他们关心自己的外表）。

在这个持续变化的世界中，准备结婚的人越来越少，女性也不愿承担所有的家务。男性是"像手套一样合适"的最大增长市场，从25%增长到50%。卡罗尔认为，一个人之所以为有额外价值的东西花钱，是因为他重视自己的时间。一旦他认识到产品功能与他的利益息息相关，他就很乐意为质量投资。许多男人现在选择熨烫，因为他们发现它有助于冥想和放松。

市场看起来要缩水时，大玩家会选择退出市场，而这为卡罗尔和维克多这样的企业家在市场的小角落里茁壮成长留下了空间——让"像手套一样合适"成了世界最佳。

电话分诊：我们怎样做到的？

在医生诊所中，一切事宜本应按部就班地进行。这是一个可爱的英国小镇，当地鲜有社会问题。该镇拥有一支经验丰富的全科医生（GP）团队，恰当的医患比例，以及非常了解患者的高素质接待员。然而，这些人的精神之萎靡，似乎到了前所未有的境地。尽管拥有预约系统，医生常常还要加几个小时的班。他们别无选择，只能放弃午餐，并在家庭成员吃完晚饭后很久才回到家。接待员疲惫不堪，因为他们根本无法应对预约需求。患者为了看医生经常需要等上几天，这让他们非常不满。有些人试图通过对一线人员提出更高的要求或使用更具侵略性的态度来解决问题。这似乎是让紧急事项得到严肃对待的唯一方法。

时任高级合伙人的莫耶兹（Moyez）一天早上听到接待员和病人之间的谈话后开始寻找答案。（莫耶兹恰好也是我的丈夫，所以我可以保证，他从来没有回家吃过家庭晚餐、参加过家庭故事会，或是给儿子们洗过澡。）他还要回复一些病人的留言，因为经验丰富的接待员对一位熟悉的病人说，当天已经没有紧急预约号给她了。

"听起来她好像是感冒了，"接待员说，"给她一些扑热息痛试试，如果明天没有好转就让她打电话回来。"接待员明显对这种做法心怀不满，莫耶兹当然也不满意。这对很多人来说都难以接受：对患者不安全，对接待员不公平，也忽视了那些想要有时间为患者好好看病的医生。

当时的紧急预约政策是在每个医生门诊结束时将"额外"的病人添加进去。这产生了连锁反应：午餐只能在接待病人的间隙吃；尽管下午的门诊 5 点就结束了，但医生会一直工作到 6 点或

6点半。医生不仅无法满足预约需求，在冬季也不能休假，因为那是感冒和流感的高发季节。

莫耶兹决定看看适合加进门诊的"额外"病人数量。幸运的是，两年来，诊所在纸质预约日志中用黄色荧光笔标记了这些额外病人。他与一位统计学家合作，发现了预约需求的季节性模式。他还询问了那些当天打电话预约的患者，做什么会让他们感觉更好。显然，如果能和医生说上话，他们就会放心。莫耶兹想知道，诊所是否可以以某种方式对患者进行分诊，而不是让没有资质的接待员按照简短的电话交流或预约人的强烈要求随机地排定优先次序。为了改善医疗服务、患者体验，以及接待员和医生的工作满意度，该诊所决定尝试电话分诊。

他们实施了以下干预措施：

1. 停止向患者提供接待员建议。

2. 列出请求当天就诊的患者。

3. 每天为医生分配两段专用时间，用于打电话给要求当天就诊的患者。电话时间为上午11点和下午2点。

结果令人惊讶。每位医生每段时间给三到四名患者打电话。每次通话的平均时间为两分钟。要求面对面就诊的额外患者减少了40%。患者满意度大幅提高。接待员和医生的精神状态、压力水平、工作条件和家庭生活都得到了显著改善。现在莫耶兹能及时回家吃晚饭，读睡前故事了。然而，当地其他诊所的同事表达了自己对这项措施（他们并没有实施），以及对电话误诊引发诉讼的担忧。不过，人们一般都会认为诊所能做的最好的事情就是"让医生和你说话"。

这次尝试的结果是，基于本地一个家庭医生的预感，以及后续发表的调查结果，英国政府将电话分诊作为改善全科医生接诊服务的一种方式，在全国范围内推广。它不仅能节约宝贵的医疗服务资源，防止全科医生在压力下过度辛劳，还能挽救在其他情况下无法获得及时护理的患者的生命。

GoldieBlox：如何让更多的女孩对工程学感兴趣？

黛比·斯特林（Debbie Sterling）在罗德岛的一个小镇长大。她是一个特别聪明的小女孩。她在学校努力学习，上芭蕾课，并与姐姐一起扮演公主。她的父母梦想她有一天会成为一名演员。当家庭聚会上的亲戚称赞她聪明时，她却只想要漂亮。黛比的努力为她赢得了斯坦福大学的一个位置。她是她所在的高中第一个被这所大学录取的人。

在高中的高年级，一位数学老师建议她在大学里学习工程学。黛比尴尬地意识到她并不知道工程师是做什么的。工程师这个词让人想起了火车司机以及戴着眼镜、穿着白大褂、口袋里插着钢笔的怪人的照片。但黛比想给它一次机会，于是在斯坦福大学上一年级时选了一门工程学课程。就在那时，她意识到了工程学的重要性：它是世界运转的基础，也是我们使用的一切机器的基础。她发现，它还是个"男孩俱乐部"。

黛比继续在斯坦福大学机械工程系学习产品设计，在系里她属于极少数。超过80%的工程师是男性，而且大学中也有人认为这里缺乏性别多样性。赫芬顿邮报最近报道："2009年美国质量协会（American Society for Quality）对8～17岁年轻人的调查显示，24%的男孩对工程学事业感兴趣，但对工程学事业感兴趣的女孩只有5%。"

黛比不仅觉得自己的能力不如空间意识更好的同学，她的想法也常常遭到忽视。在一位大学男同学的帮助和鼓励下，黛比坚持了下来并在2005年毕业。在接下来的几年里，她一直试图找到自己的热情，从事品牌推广和市场营销，并在印度农村开展非营利性的志愿服务。

有一天，她与一位女性朋友（也是一名工程师）聊到为什么进入这个行业的女性这么少。她告诉黛比，她的兴趣来自小时候玩三个哥哥的建筑玩具。但黛比从未玩过建筑玩具。她和妹妹玩的是玩具小马和娃娃，还把自己打扮成公主。她们想知道童年玩具是否会影响最终的职业选择。黛比决定深入研究一下。

2010年，她开始针对景观类玩具进行研究。她知道建筑玩具有助于培养空间意识，但所有这些玩具都是卖给男孩的，比如"建筑师鲍勃"（Bob the Builder）。似乎从幼年开始，女孩就不被鼓励或是被排除在建筑和工程游戏之外，因而被动地处于劣势地位。黛比意识到，她可以激励下一代女孩成为工程师，从而让自己的学位发挥作用。她只需要找出该怎么做。

当她坐在别人家中，观察女孩玩积木和其他建筑玩具时，她发现女孩们很快就会感到无聊。当她在观察采访中询问她们最喜欢的玩具时，她们常常会递给她一本书。黛比坐下来，膝盖上摊着书，而房间的另一边放着建筑玩具。当她为这些小女孩读故事时，"灵光乍现的时刻"出现了。如果把这两件事放在一起会怎么样？是否有一种方式，能够利用女孩强大的语言能力来帮助她们锻炼自己的空间技能？要是她写一个名叫 GoldieBlox 的女工程师不断冒险并通过制作简单的机器来解决问题的故事呢？女孩们可以跟随 Goldie 的脚步，制作 Goldie 制作过的东西。黛比放弃了工作，给了自己一年的时间来实施自己的创意。

在 2012 年春天，黛比用自己在住处附近发现的东西（线轴，木头，粘土，魔术贴和缎带）手工制作了第一个 GoldieBlox 样品。她手绘了 Goldie 和朋友制作机器的故事，然后与孩子和父母们一起测试它们以获得反馈。这个想法有效果。"只要给女孩们讲故事，她们就会想制作机器。"事实证明，女孩们不想为了制作而制作。女孩想知道她们为什么要制作。她们想了解机器的一切：它们在哪里，是为谁制作的，以及与谁有关。

最终确信自己能够有所作为时，黛比将样品带到了纽约玩具展。这是她有机会与玩具行业资深人士会面并分享 GoldieBlox 创意的地方。她觉得她会走进威利·旺卡（Willy Wonka）那样的工厂，遇到塑造玩具未来的人。但黛比遭遇了迎头一击。玩具行业似乎与工程领域一样由男性主导。穿西装的男人告诉她，这个主意不错，目标是高尚的，但它永远不会有什么用。它根本卖不出去。"女孩不喜欢制作和建造。你无法抗拒大自然。""女孩不喜欢建筑。"他们带着黛比穿过展览会，向她展示女孩喜欢的东西：娃娃和打扮。GoldieBlox 永远不会成为"粉色货架"的主流。

黛比还申请了一家初创加速器，希望获得指导和投资，以便将 GoldieBlox 推向市场。只有 3% 的申请人被接受（其中大多数是男性）。黛比闯进了最后一轮面试，但还是被拒绝了。这又是一个令人沮丧的打击，但她知道，那些愿意购买 GoldieBlox 的家长和那些玩它并从中获得启发的女孩，才是她需要得到认可的人。也许玩具行业和加速器都错了。

黛比虽然很沮丧，但她没有被击倒。她决定重新整合她的想法。她参加了一个社会企业家会议。与会者听到这个故事时的反应完全不同。他们愿意提供帮助，并到她家拜访。她的人脉支持她，帮她制作样品、测试创意和介绍导师。2012 年 6 月，她终于从天使投资者那里筹集了 40 万美元的种子资金。次年 9 月，她又在 Kickstarter 推出了众筹活动，仅用四天就完成了 15 万美元的目标。他们又筹到了 285000 美元，并卖出了更多的 GoldieBlox 预订套装。他们最初设想第一轮生产大约有 5000 套，但最终生产了 40000 套。黛比收到了 100 万美元的预订款。但故事并没有就此结束。

六个月后，购买和喜爱 GoldieBlox 不只有家长和女孩了，玩具店也开始打来电话。在黛比被告知"根本卖不出去"的几年后，GoldieBlox 在全国连锁的玩具反斗城上架了。公司继续扩大其业务范围，并赢得了忠诚的客户。这些客户帮助他们举办游击营销活动，并赢得了第 32 届超级碗商业广告。GoldieBlox 招募了艺术家、工程师、作家和设计师团队，创建了数字平台，并向国际进军，这使其产品线翻了一倍。GoldieBlox 还获得了 2014 年度玩具类人民选择奖（People's Choice Toy），并被快公司（Fast Company）评为"世界最具创新力的公司"之一。黛比斯·特林被评为《时代》杂志的"高光人物"，也是商业内幕网（*Business Insider*）评选的 30 位改变世界的女性之一。全世界有成千上万不知道自己在公主之外也能成为英雄的女孩，她们的态度和愿望受到了积极的影响。

现在轮到你了

好奇心：有意识地注意的能力

观察人们通常不会注意的事物，你可以得到意想不到的领悟。

注意到别人看不到的东西会得到一些令人着迷的结果。想想黛比·斯特林的领悟吧：她用故事把女孩强大的语言能力运用到鼓励她们对建筑玩具的兴趣上。这种想法躲在玩具行业的鼻子底下已经很多年了，但发现它并采取行动的却是一个新手。

下面的练习可以帮助你培养好奇心。

练 习

观 察
提 示

在人们等候或排队的地方待上 15 分钟。地点可以是你当地的咖啡馆、车站、公园或机场候机室。描述下面这段话中的人物、事件、地点和时间。

行 动

列出人们觉得没人在看他们时所做的事情。你可以观察公园里父母和孩子之间的互动，或是在星巴克里刷新手机社交媒体的人。

领 悟

你观察到了什么行为（不仅是行动，还有情感）？

你注意到了哪些模式？

环境如何改变行为？

用一句话总结你的重要领悟。

关注麻烦

提　示

打开笔记本中新的一页，或在你喜欢的笔记应用程序中创建新笔记，并将其标记为"麻烦"。如果观察到行动中令人感觉麻烦的地方，请你在这页上记下来。

行　动

列出你注意到的人们需要费力去做的事情。可能是携带购物袋，打开罐头，解开耳机线，或是在医院或百货商店中寻找导航标志。

领　悟

你观察到了什么样的麻烦？

如果你能解决其中一个问题，那会是什么？为什么？

简短地写出一个可行的产品计划来解决这个问题：

a）麻烦

b）问题

c）解决方案

描述人们采用你的解决方案后生活发生了什么变化。

哪里出了问题，怎样解决？

提　示

这是你解决更大社区性问题的机会，该问题很需要一个创造性的解决方案。你家的周围是否到处都是涂鸦？机场安检是否不必要地排起了长队？公园里的公厕是否很脏？如果你想思考并解决全球健康问题之类的大问题，那就去做吧。

行　动

记下一个你想解决的大问题。描述其他人为了解决它做出了怎样的尝试。然后详细介绍你的创造性解决方案。

领　悟

描述你的解决方案，就像你正在向可以帮助你实施它的人推销它一样。

a）问题是什么？

b）解决方案是什么？

c）它与之前有过的解决方案有什么不同，或哪里更好？

d）它为什么会成功？

e）成功的最大障碍是什么？

如果？

提　示

便利贴、戴森真空吸尘器、Kindle、iPhone 等产品都是在问

"假如……会怎样"时诞生的。假如我们不用键盘会怎样？看看你每天使用的产品或服务，询问"假如……会怎样"。

行　动

询问并回答你想到的问题。假如我们将它变大、变小、变快、变强，让它可持续、一次性、可回收、有黏性、不可损毁，结果会怎样？

记录你最好的想法。

领　悟

你的改变解决了什么问题？

这些变化如何为产品、服务或公司创造价值？

分　解

提　示

如果你是一个工匠，你可能会把一件设备拆解开（最好不是《流言终结者》风格）。我喜欢用经验来做这件事。想想你平时获得的经验，做好准备将其分解。以看牙医为例。

行　动

为体验中的每个步骤画一个框：到达、等候、交流、治疗、付款、调养、复查。

想想哪里进展顺利，哪里不符合预期。

列出不足之处。

领　悟

产品或体验的哪些方面令人失望？

为了改善它，你能做出的最重要的改变是什么？

你为什么选择这个？

你可以从中学到什么，或者什么可以被运用到你的工作中？

为什么会这样？

提　示

花时间访问一家成功的企业（线上或线下）。

花时间了解和分析该应用程序、在线商店或实体店的用户体验，就像他们的新访客或顾客一样。

我选择的例子是宜家商场。

行　动

记下你注意到的内容，并询问这种用户体验有什么特别。

为什么商店位于这里？

为什么有游乐区和餐厅？

房间为什么要这样设计？

为什么交易大厅设置在最后？

领　悟

有些答案显而易见，但有些可能会让你惊讶。是什么让你惊讶？

它为什么会成功?

提　示

访问猎酷网（CoolHunting.com）或趋势观察网（Trendwatching.com）。注意，你可能会陷进里面几个小时。在网页上选择一个创意、产品或服务，它最好是你自己不会使用的。

行　动

列出你认为这个想法会成功的原因。例如，订阅月度精选礼盒会成功，因为我们太忙，没有时间购物，但仍然想送出精心挑选的礼物。

领　悟

看看你的清单。你得出这些结论的理由是什么?

你可以从中吸取哪些教训并应用于你的创新?

它为什么成功?

提　示

考虑一个最近出现的突破性创意，或是一个意想不到的成功案例。比如两个来自出版业的创意——两本全球超级畅销书：近藤麻理惠的《怦然心动的人生整理魔法》和乔汉娜·贝斯福的成人涂色书《秘密花园》。

行　动

选择一个成功的创意来探索和思考。查看描述该创意及其创始人背后故事的网上评论或新闻文章。

你觉得是什么推动了这个创意的成功？

这个想法掀起了怎样的潜在文化潮流？

这种产品或服务满足了什么深层的人类需求？

为什么之前没有人这样做呢？

领　悟

你的主要收获是什么？

如何用趋势和当前的文化潮流来预测未来？

这是否能激发你想出可以实现的创意？

案例：培养你的好奇心

安迪是一位精明的企业家，正计划在伦敦开一家新咖啡馆。在完成这些观察训练时，他已经为寻找最称心的店址查访了 70 个地方。

提　示

在人们等候或排队的地方待上 15 分钟。地点可以是你当地的咖啡馆、车站、公园或机场候机室。描述下面这段话中的人物、事件、地点和时间。

8 月，安迪在一个忙碌的午餐时间来到了伦敦索霍区的一家时尚咖啡馆。他针对四组不同的顾客重复做了观察练习。以下详述他对其中一组顾客的观察。他的领悟与所有这四组顾客有关。

行　动

列出人们觉得没人在看他们时所做的事情。你可以观察公园里父母和孩子之间的互动，或是在星巴克里刷新手机社交媒体的人。

这两个人可能是同事，他们中午在一起吃饭。其中一个很潮，不到三十岁，短发，爆炸头，身穿白色 T 恤、紧身黑色牛仔裤、WHL 复古运动鞋，胡子刮得很干净。他的朋友年纪较大，35 岁左右，戴着眼镜，秃顶，留着厚厚的络腮胡。他身穿绿色军装夹克，紧身裤和带有流苏的漆皮划船鞋。他们的话题包括工作和营销策略、女朋友和人们糟糕的时尚感。他们花了很长时间讨论西装和西装制造商。年轻的那个点开了他手机里的小视频。即使没在使用，手机在谈话期间也从未离开他的左手。他们喝的是用果酱罐盛着的冰咖啡和瓶装矿泉水。

领　悟

你观察到了什么行为（不仅是行动，还有情感）？

你注意到了哪些模式？

环境如何改变行为？

用一句话总结你的重要领悟。

他们看起来像是同事。个人形象对他们来说意味着一切。年轻人似乎想给年长的同事留下深刻的印象。显然他是在专心讨论，没怎么注意环境、食物和饮料。

人口方面：即使样本量如此之小，时间范围如此有限（理想情况下，你会在一天乃至一周的不同时间段重复练习），你还是能碰到各种各样的游客、附近创意企业的客户和本地人。

使用方面：有趣的是，我关注的四组顾客都没有真正关注食物或咖啡。很明显，无线上网和"酷"是顾客访问的主要驱动因素。咖啡和食物实际上非常好，但并不是顾客来这里的主要原因。许多有志于此的老板花了很多时间改进产品（伦敦最好的咖啡等）或是别的什么的东西，却认为无线上网和漂亮的装潢不太重要或只是锦上添花。然而，这些东西应该被视为与咖啡和食物同等重要的东西。

我毫不怀疑他们确实在咖啡爱好者里面拥有忠实的粉丝基础；但这个基础实际上比老板想象的小得多，支付账单的人对优质的无线网络和漂亮的再生木桌更感兴趣。

不幸的是，在大城市的中心开店，选定店址必须考虑租金和费率。如果你不想把店开在市中心，认为店址只能选在某处，那么对我来说，这不是一个好的选择，因为你的潜在客户群对你的核心产品并不特别感兴趣。我观察的四组人中只有一个点了咖啡而不是其他饮料，这似乎与咖啡馆定位为专业咖啡的目标并不一致。另外，你还会发现有顾客在这里长时间聊天和上网而不消费，这可谓店主典型的噩梦了。

做这样的练习不一定会改变我在寻找潜在店址时所考虑的参数。我想找一个具有多重优势的店址，那里有潜在的顾客流量，而且能让顾客对优质产品感兴趣，而不只是想要一份传统的英式早餐和一杯浓茶。不过，这个练习确实改变了我日后看待顾客的方式。如果有一天我的店开业，我一定会保证让他们未被满足的需求得到充分的满足——无论是无线网络，空气清新的厕所还是快乐、乐于助人的员工。我认为这个练习的真正价值就在于此。

打磨同理心

　　同理心就是站在他人的角度思考，用他人的心灵去感受，用他人的眼睛去看。同理心难以外包和自动化，它会让世界更加美好。

——丹尼尔·平克

　　作为父母，我有机会在儿子很小的时候近距离观察人类的同理心。有时，一群男孩中会有一个陷入困境或遭遇不幸——摔倒、被老师羞辱，或弄丢玩具，但哭的不只是那个遭遇不幸的孩子。看到它，我们就会知道这就是同理心，我们在经历它时就更是如此了。

　　同理心是与某人一同感受，而同情是对某人的感受。同理心是我们的人际关系、家庭、社区和文化的支柱。我们越能通过别人的眼睛看这个世界，我们就越能与他们沟通和联系。对他人需求的理解越多，我们实现这些需求的机会就越大。我们共情的能力改变的不只是我们对他人的看法和回应，也改变了他们如何回应和看待我们。它使我们成为更好的领导者和公民，从而使世界变得更美好。

同理心是我们的一种高阶技能，它发生于大脑深处的脑岛。那里是感觉和情绪转化为意图和行动的地方。

具有讽刺意味的是，同理心通常被视为一种"软技能"，它不是要成为领导者就必须培养的品质，但它是每个有远见的领导者为了理解他们想要服务的人就必须着力打磨的品质。

以维珍（Virgin）创始人理查德·布兰森（Richard Branson）爵士为例。他声名卓著，是受媒体追捧的大师级人物。他曾经从高楼上蹦极一跃，也曾开着坦克在第五大道上行驶，还曾装扮成空中小姐。多年来他一直擅长吸引媒体的关注。不过，他最强大的力量是他能够同情失望的、要求未能得到满足的客户。没有其他商业领袖像他那样持续关注令人失望的产品和服务，并且意识到这种痛苦背后的商机。布兰森依靠直觉去感知一个行业何时成熟，如他所说，他倾向于"更多地依赖直觉，而不是研究大量的统计数据"。

一次糟糕的客户体验促使他涉足航空业：从波多黎各飞往英属维京群岛的航班因为没有坐满而被取消了。于是，急于赶往目的地的布兰森雇了一架飞机；然后，他借了一块黑板，草草地画上航空的线路，标上 39 美元的单程价格，将空座位卖给了其他滞留的乘客。布兰森认识到现有航空公司并不在乎他们的客户，人们也早就不能忍受他们的这种不在乎。于是，维珍航空公司诞生了。布兰森的直觉告诉他，维珍航空公司如果能更好地对待客户，就有机会取得成功。现在，每当他的会计向他展示，削减这项或那项服务能让企业在纸面上多赚几百万，他就会解释，如果省去这些服务，他们就要面临着着流失顾客的风险。

即使在当前这个充斥着大数据、增强现实（AR）和人工智能的世界中，同理心仍然是我们最被低估和有待挖掘的资源。

案例分析：同理心

KeepCup：怎样才能让更多人使用可重复使用的咖啡杯？

以任何标准看，阿比盖尔·福赛斯（Abigail Forsyth）都做得很好。她做了明智的选择，获得了法律学位，而不是追寻前途未卜的艺术道路。她在墨尔本一家小型律师事务所工作，她有一位出色的老板和一些优秀的小企业客户。但她的内心无法安定下来。她和当时住在伦敦的哥哥杰米一起反复打磨着自己的商业创意。他的一个想法是像英国的普雷特（Pret A Manger）那样开咖啡馆，也售卖三明治。做咖啡和三明治生意能有多难？

阿比盖尔和杰米在接下来的 12 年里在墨尔本经营着名为蓝袋（Blue Bag）的连锁咖啡馆。这在各个层面上说都是艰苦而且耗费精力的工作，但是他们做得非常出色。阿比盖尔的生意中最令人头痛的东西是他们所制造的垃圾。只是压扁、打包厨房里的包装盒以便回收，就要花费一整天的时间，更不用说那些海量的废弃一次性咖啡杯，它们对环境产生了巨大的负面影响。墨尔本一家成功的咖啡馆每天可以卖出 1000 杯咖啡——这么多垃圾都无法得到回收。阿比盖尔关于 KeepCup 的创意，是在她看到孩子从可重复使用的吸管杯中喝水时产生的。她根本无法想象女儿的杯子只用一次就扔掉。他们在精品咖啡行业所做的似乎是错误的。她决定做点什么。

作为一名在墨尔本生活和工作的咖啡师，阿比盖尔常会看到有环保意识的顾客拿着自己的杯子来买咖啡。当然，这些客户属于少数，但另一个有趣的事情是他们对做正确的事情非常不好意思。他们觉得自己像个异类，部分原因在于许多咖啡师拿到他们的杯子时会翻白眼。咖啡师遇到的问题是杯子的尺寸不一致，也不适合放在咖啡机的冲煮头下，他们无法确定自己是否还能做出像样的咖啡。如果阿比盖尔和杰米能设计一个可重复使用的咖啡杯，它既符合咖啡师的标准，又能吸引那些使用它的人呢？阿比盖尔和杰米的优势在于他们了解这两种需求：咖啡师的抵触心理和有可持续发展意识的客户的需求。杯子必须易于使用，适合放在冲煮头下，并且可以装下标准一次性杯子那么多的咖啡。在大力推广这一创意之前，他们决定先在蓝袋咖啡馆试用，并为使用这种咖啡杯的顾客提供咖啡五折优惠。15% 的客户接受了这一提议，这让阿比盖尔和杰米有信心继续下去，并在 2009 年 6 月投资 250 澳元推出 KeepCup。

阿比盖尔和杰米使用了墨尔本当地的设计师和制造商（现在仍然如此），因为这与他们的可持续发展使命相符。如果 KeepCup

能成为人们想要一次又一次使用的东西，它就必须对咖啡师和客户有用，同时也必须是美观的。

在杯子投入生产之前，他们的第一次重大进展是墨尔本的澳大利亚国家银行向他们订购了5000个这样的杯子，该产品与银行的新可持续发展计划完美契合。在推出产品的当月，阿比盖尔和杰米参加联邦广场的设计市场时，这个创意的成功信号再次显现。带来的产品不到6个小时就全部售罄，顾客给出了大量的积极反馈。许多人花了很多时间来决定要选哪种颜色的杯子，还有几个人告诉他们，杯子"太便宜了"，他们乐意为此花更多的钱。

对人们如何使用这些产品的观察十分宝贵，阿比盖尔和杰米将这些经验带回了公司。在两个月之后，这家初出茅庐的公司再次迎来了重大突破。久负盛名的澳大利亚Campos Coffee的首席执行官威尔·扬（Will Young）致电并订购了15000个KeepCup。这不仅仅是对概念的肯定和产品的销售，这是精品咖啡行业领导者的坚定支持。

在最初的22个月里，他们一共销售了80万个KeepCup。该产品目前在全球65个国家销售，并在英国和美国拥有国际员工团队。2015年，KeepCups在指定的麦当劳餐厅和主要的咖啡连锁店Hudsons中销售。不过，销售量不是阿比盖尔的动力。她很乐意只卖30个杯子给一家小型独立咖啡馆，并直接在网上向顾客出售。

如果你问阿比盖尔成功的关键是什么，她会说是"时机"。世界已经准备好迎接这个创意，特别是她所在的墨尔本，可持续发展正是时下的热门话题。KeepCup 适合那些开始考虑自己作为个人可以做些什么的人。这个品牌在设计、色彩和趣味方面都对这些人很有吸引力。你只需要清醒地看到为他们服务的机会。

Day Designer ：如何能让生活更有条理？

惠特尼·英格利希（Whitney English）自始至终都在纸品行业工作。在高中和大学期间，她曾在一家商店里做兼职。她很喜欢这家店，她的老板鼓励她，说她能够成为一名真正的设计师，她应该考虑开创自己的事业。所以 2002 年，在她仅仅二十三岁的时候，惠特尼英文纸品公司诞生了，那时，脸谱网、易集（Etsy）和其他网上商城尚未出现。在运营的第一年，该公司共销售了65000 件文具产品。到了第 4 年，他们的年销售额飙升至 100 多万美元。

经营文具生意 8 年后，惠特尼已经结婚并有了两个孩子。感恩节前夕，她坐在公婆家的床边为忙碌的圣诞节做规划。她希望自己能把事情安排得井井有条，摆脱占据当下和未来假期的那种不知所措的感觉。她的业务越来越多地面临着新厂家和设计师利用新兴的全球网上商城的竞争。尽管他们推出了越来越多的新产品，但业务的增长仍然停滞不前。惠特尼觉得自己每天都在救火。

惠特尼计划通过投资昂贵的网络印刷应用程序来重振公司，她当时觉得，这就是让她在饱和的市场中脱颖而出的办法。她为这项新技术投入了大量资金，希望它能为公司注入新的活力。然而，这个应用程序简直就是一场灾难，它从来没能正常运转。她的公司也因此失去商誉，财务也在大量失血。到2012年年中，这个项目终于结束了。

在那个7月的晚上，惠特尼回家告诉正和两个男孩在戏水池玩耍的丈夫，不会再有支票要签了。两个星期后，惠特尼产下一女，她和丈夫成了3个3岁以下孩子的父母。他们在经济上陷入窘境，生意也开始萎缩，但惠特尼手中仍有一个无法放弃的创意。她确信她两年前写下的日常规划能给她带来一个真正的机会。

作为一个内心充满创意的人，惠特尼总是觉得自己处于无序状态，每一刻都被来自十个方向的力量拉扯。尽管拥有一大堆笔记和日程应用程序，她仍然很难把事情安排得井井有条，她想找一个真正能帮到她的日程本。几经努力，她能找到的所有日程本都是周计划型的，它们根本不能解决散落在她桌子上的几十张便利贴的问题。惠特尼开始询问为什么没有这样一个简单的日程本，一边是时间轴，另一边是待办事项。那时，她仍然与很多创意企业家有着密切的联系，了解许多像她这样的女性每天所面临的忙乱和不知所措，因为她们不能确定事项的优先级。终于，她想出了能把产品愿景和它的目的结合起来的名字，她确信这个产品可以解决许多女性的问题。Day Designer 在这一年悄然推出。

销售和增长是有机且稳定的。在没有任何营销预算的情况下，惠特尼依靠的是最先尝试新产品的客户的口碑传播。她利用社交媒体、博客和论坛的力量，与女性讨论 Day Designer 如何帮助她们确定事项的优先级并完成更多她们想做的事情。而且，因为 Day Designer 的布局和设计是以女性为目标的，所以那些使用和喜爱这个日程本的人不由自主地就会向人推荐。业务于是开始增长。

2014 年，惠特尼注册并在其博客上发布了她的商标，她还提到她愿意与喜欢 Day Designer 的人一起工作。她当天就收到了一封电子邮件，其中询问她是否有兴趣在零售巨头塔吉特百货（Target）销售她的日程本。Day Designer 于 2015 年夏季在美国各地的塔吉特百货上架。到那个夏天结束时，第二年的新系列产品已经开始委托设计了。塔吉特系列最开始有 29 种产品，后来逐渐扩展到笔和配件。这款日程本同样也在美国的服装店 Anthropologie 和加拿大的书店 Indigo 售卖。

在撰写本文时，已经有 250 多万女性在使用 Day Designer（包括塔吉特版和高端旗舰产品线）了。

Spanx：为什么没有这个产品？

那是新千年伊始的 2000 年，距离能够随身携带一千首歌曲的

iPod 上市仅过去了短短几个月。然而那时，女性内衣和袜子的制造商并没有让真人对其产品进行试穿。相反，这个由男性主导的行业用的是工厂中的塑料模型进行测试。29 岁的通信专业毕业生萨拉·布莱克利（Sara Blakely）发现了其中的问题，而那时，她正挨家挨户地出售传真机，并在业余时间做单口喜剧表演。Sara 花了一年时间申请专利、设计样衣并测试她最终准备推出的新女性内衣。

　　萨拉在准备参加派对时产生了创建 Spanx 的想法。当时，她再次试穿了那条的奶白色长裤，自从买来，它就一直挂在衣柜里。萨拉喜欢这条裤子，但几乎没有穿过，因为她的所有内衣都会从里面透出来。普通的内裤会有边线透出来，传统的塑形内衣很薄但又很紧，会在腰和大腿上勒出一圈肉。那天晚上，当她站在那里挑选衣服时，萨拉决定尝试从每天穿的连裤袜上把脚剪掉，穿在奶白色长裤里面。虽然剪掉了脚的连裤袜会沿着腿卷上来，但 Sara 得到了她希望的结果：勒紧了肚子上的赘肉，没有游泳圈，内裤线也消失了。那天晚上，她开始质疑：既然这么多女性需要它，为什么这样的产品不存在。

　　从未做过时装或零售业务，也没有上过商学院的萨拉决定投入 5000 美元的生活费来制作这种新型女士内衣。首先，她在网上搜索了"袜子工厂"。萨拉很快发现，美国的大多数工厂都在北卡罗来纳州。所以她开始给这些厂家打电话，但不幸的是几个月下来没有一家制造商愿意提供帮助。萨拉认为，如果能和厂家老板面对面谈，成功的概率会更大。于是，她花了一个星期的时间到这些工厂周围活动，但每一家都让她吃了闭门羹。两周后，事情终于取得了进展。有一位工厂主在喜欢萨拉创意的女儿的敦促下，打来了电话。"莎拉，我决定帮你实现这个疯狂的想法。"他说。

此时，萨拉觉得有必要先为自己的创意申请专利。她无法承担至少3000美元的律师费，为了降低花销，她参照从巴诺书店购买的有关商标和专利的书自己撰写，只在流程的最后一步咨询了律师。

萨拉在创业途中学到的最重要的一课是：在开发产品时缺乏客户参与，使得内衣产品难以回应女性的真实诉求。制造商没有询问女性她们的真实感受，这是她绝对不会犯的错误。她每时每刻都想得到女性的反馈。为了节省制造成本，这个新成立的品牌在大小不同的成品上使用同等长度的腰带，使用一条细小的橡皮绳来调整尺寸。萨拉的研究让她更清楚地了解为什么女性会想要她的产品而不是她们目前穿的那种不合身的产品——那些衣服会勒进肉里，造成不适。她也知道，在没有营销预算的情况下，想从市场上比较成熟的品牌中脱颖而出，就要使用红色的包装，而不是传统的白色或米色；当然，还要加上醒目且令人印象深刻的Spanx商标。

Spanx赢得了各行各业女性的青睐，还获得了从奥普拉到格温妮丝·帕特洛等诸多名人无法用金钱买到的认可。萨拉继续通过口碑宣传自己的品牌，而不是掏钱做传统的广告。Spanx 还把产品线扩展到其他内衣、牛仔裤和运动服。这些产品在全球 50 个国家销售，而该公司仍然由私人持有，萨拉拥有 100% 的股权，迄今为止没有外部投资。

2012 年，萨拉被《福布斯》杂志评为全球最年轻的白手起家的女性亿万富翁，并成为《时代》杂志评选的 100 位最具影响力的人物之一。现在 Spanx 的使命仍然是从质疑现状开始，"帮助女性对自己和自身潜力感到满意"。

现在轮到你了

同理心：理解他人感受的能力

察觉到别人通常不会注意到的东西是一件很棒的事情。注意到他人的感受能够得出一些令意想不到的结果。想象阿比盖尔对咖啡师需求的体察是如何让 KeepCup 成功的吧。她对咖啡师和顾客双方的同理心，是让她的产品在这个许多人尝试过但却失败了的市场上获得认可的关键。

下面的练习能够帮你提升同理心。

练　习

注意她带了什么

提　示

观察一个人所处的环境，你就能了解这个人——设计咨询公司 IDEO 的员工称之为"用眼睛聆听"。你可以在推特上搜索他们的标签"# 你的包里有什么"查看相关内容。询问朋友或同事，看看他们是否愿意告诉你他们的包或口袋里有什么。例如，自从搬到墨尔本，我总是在包里带一把雨伞和一副太阳镜（我住在珀斯时就从未带过雨伞）。这可能说明：（a）我喜欢为所有的可能性做好准备和 / 或（b）我更愿意步行或乘坐公共交通工具而不是开车。如果深入挖掘，你可能会发现更多信息，从中可以看出我住在什么样的社区以及我多长时间乘坐一次公共交通工具。不然你就只能发现墨尔本天气的风云莫测！

行　动

买一个笔记本，打开新的一页。把这页分成四个象限，分别标记为人物、物品、故事和领悟。邀请一个人将所有东西放在桌子上，然后让她解释为什么携带这些东西。如果她乐意分享更多个人物品的故事，请允许她这样做。在她拿起每件物品时，记下她的回答和反应。

领　悟

在相应的象限中记下她的回答和反应。

她带的东西反映了她怎样的生活、个性和价值观?

找出她看重的东西

提　示

表面上看这似乎难以考量,不过,人们会在自己的周围(例如冰箱里和手机上)留下线索,这些线索暗示了他们所看重的东西。例如,技术宅的手机屏幕会有好几页,其中塞满了他们经常使用的应用程序。观察我的主屏幕,你就会注意到我的手机上有好几个笔记类应用程序。你可以请一个同事(不是你的朋友或你熟悉的人)向你展示他的智能手机主屏幕。这项练习你需要至少20分钟。

行　动

首先注意屏幕保护程序,然后截取主屏幕的截图,并请你的同事发送给你。在这个练习中你不用记录任何东西,你只需要积极地倾听。接下来,让他带领你浏览屏幕上的应用程序。如果相处融洽,他可能会邀请你查看他的音乐收藏或他收听的播客。充分利用这个机会,尽可能多地去了解。

请他逐一解释:

为什么下载这些应用。

为什么这个应用对他来说很重要。

他何时以及多久使用一次。

领　悟

你对这个人有什么重要的了解?

记下你的发现以及你意想不到的东西。

注意他想做而不能做的事情

提　示

想想近期成功的商业案例和成功的应用程序,它们成了我们提高效率的手段或日常生活中不可或缺的工具。它们有一个共同点,那就是通过帮助我们做我们想做的事情来创造价值。优步让我们更方便地从 A 地抵达 B 地。Slack 能让我们摆脱电子邮件的暴政。现在轮到你发现它们存在的价值了。你不是在寻找解决方案,你需要关注人们遇到了哪些障碍。

行　动

你正在寻找那些尝试去做某件事但是没能成功的人。这件事可以很简单,比如操作某个设备、在机场找到正确的方向,或支付停车费(你曾多少次看到有两个人拿着硬币不知所措地盯着停车计时器,不知道接下来该怎么办)。

领　悟

记下他没能做到的原因。是因为他没有准备好吗?产品或体验的设计有欠缺吗?你还注意到了什么情况或问题?

听听她怎么说

提　示

走在街上或在公共场所时，我们经常紧盯着自己的电子设备。这项练习需要你把自己从中解放出来，请不要使用静音耳塞。最近我在购物时无意中听到一位女士在打电话，她需要代表集体购买购书券作为礼物送给别人。她解释道，她还会使用小组筹集的200美元中的一部分买一本书。

"我打算选一本封面漂亮的书与购书券一同买下。这样做更好，说明我们用心准备了。我们还会送她相当金额的礼券——175美元绝对不少了。"她说。关于人们为什么要送礼物，我们希望对方怎样看我们，以及送东西给别人的意义，有太多值得探究的了。

另一个倾听的机会出现在社交媒体上。你可以在推特和Instagram上搜索主题标签，以此"倾听"网络对话。也许你听到的对话能够反映最新的讯息。它们或许会更深入地揭示人们所关心的事情。

行　动

关注人们谈论的内容，以此了解他们的感受。他们可能正在订餐、打电话，或与火车上的朋友聊天。记下谈话的主题、他们使用的词汇，以及他们的语气。

领　悟

有没有反复出现的话题？

人们选择的词汇告诉了你他们的什么感受？

打听事情背后的故事

提　示

这个练习是为了更深入地了解你自以为了解的人。它将以多种方式帮助到你，不仅可以加深你的好奇心，挑战你固有的假设，还可以练习深度倾听。这是我最喜欢做的事情之一。最近我就和爸爸一起做了这件事，当时我们正在谈论他年轻时做过的工作。他的工作经历可以从他 13 岁时做自行车邮递员算起。在他的职业生涯中，他一共做过超过 25 种工作，可以列出长长的一串名单！

行　动

抽出时间与朋友或亲戚交谈，让他们详细讲述他们所做的第一份工作。你可以先用以下问题提示他们：

你是怎么得到这份工作的？

你为什么要做这份工作？

关于这份工作，最好或最坏的事情是什么？

然后让他们描述他们在工作中感觉最棒的一天。

领　悟

你对这个人有了什么新的了解？

谈话如何改变了你了解他们的方式？

人们为什么那样做？

提　示

人类是无比迷人和复杂的物种，这就是为什么有人花费毕生的精力来研究人类的行为，试图了解是什么驱动着我们前行。你希望在此收获领悟——不仅仅是人们做了什么，还包括他们为什么这样做。人们的习惯告诉了我们什么？请看下面的例子。去年购买新房时，我们入手了一台最新款式的洗衣机。这台机器上的洗涤程序令人眼花缭乱，从羊毛到防皱应有尽有，此外还有六种不同的旋转周期。我只使用过一种——环保40℃洗涤。为什么会这样？观察一个人的所作所为，你能说出你遇到的是怎样的人吗？

行　动

你正在通过观察来提高注意力。人们如何使用/不使用/部分使用他们周遭的事物？记录你看到的行为，然后为其找到可能的解释。

领　悟

你注意到了什么？

最让你惊讶的是什么？

哪些行为符合你的假设？

为从 A 到 B 的每一步创建分镜

提　示

使用分镜的方法分解从 A 到 B 改进想法或体验的每一步。不要过分担心你的绘画技巧。重要的不是艺术性，而是要激发你的想象力。你最终会画出类似于连环画的东西。你需要填补开头 A 和结尾 B 之间的空白。

行　动

在 A4 纸的顶部和底部分别画三个框，在它们之间留下三个空白框。现在想想你想改变的产品或服务，想想你使用它们时的体验。我想到的是航空公司员工如何应对航班延误和取消。你想到的可能是你正在提供并希望改进的服务。在页面左上角的第一个框中粗略地勾画出你的起点。在页面右下角的最后一个框中勾画出理想的结果或圆满的结局。现在填充你认为与起点和终点一样重要的阶段。若有需要，可在页面中间添加更多的方框。

领　悟

在从 A 到 B 的旅程中，关键的阶段有什么？

你改变了什么？

你如何在工作中再次使用这种方法？

注意别人生活中的小聪明

提　示

前面我曾提到，杰夫·贝佐斯会把糟糕创意拍下来。你同样也要这样做，除此之外，你还要拍下人们适应环境的方法。我去健身房时就要了一个小聪明。我不想带着一大套的房门钥匙出门，所以只会带上一把。我不想冒丢失钥匙的风险，也不想在它落入包底时翻找它，所以我在钱包的拉链里放上了一把备用钥匙。这样我就不用去想要把钥匙放在哪里了。

行　动

用手机拍下"生活中的小聪明"。

领　悟

你最喜欢的小聪明是什么？为什么？

这个小聪明揭示出使用它的是怎样的人？你认为哪种小聪明能被开发成产品？

案例：打磨你的同理心

辛迪是三个女孩的母亲，也是一位富有洞察力的企业家。她一边研究如何更好地为新公司的潜在客户提供服务，一边完成了这项练习。

注意想做但不能做的事情

提　示

想想近期成功的商业案例和成功的应用程序，它们成了我们提高效率的手段或日常生活中不可或缺的工具。它们有一个共同点，那就是通过帮助我们做我们想做的事情来创造价值。Meal-kit 配送服务（把搭配好的新鲜蔬菜连同菜谱一起送上门）帮助忙碌的人们准备健康的家常饭菜。

行　动

在工作日花费力气做好一顿健康的家庭晚餐，是我和朋友经常聊起的话题。在研究有助于解决该问题的新创意时，我发现了下面的问题：珍（有时是她的丈夫，但大多数时候是她自己）会为工作日的晚餐提前买好食材。尽管冰箱里备有食材，但如果没有时间做饭，她还是会叫外卖、买现成饭或在外面吃。备好的食材最终会被浪费。珍因为不能坚持用买好的食材做晚餐而感到内疚。她觉得自己在浪费钱，成了孩子们的坏榜样，更何况整个家庭也没能吃上可口的饭菜。

领　悟

记下他没能做到的原因。是因为他没有准备好吗？产品或体验的设计有欠缺吗？你还注意到了什么情况或问题？

为什么珍试图在工作日做晚餐却失败了？一个原因是她在准备晚餐期间有太多事情要做。几个孩子要参加晚间活动或约会，比如去看牙医、讨论作业或其他事情，导致珍（和她的丈夫）一直在路上奔波，没有足够的时间从头开始做晚餐。

星期一晚上，我的一个孩子5：15～6：45要去做体操。我匆匆给她弄了点东西吃，把她送到那儿，然后回家开始做饭。我家老二6：30～8：00有活动。我家老大8：00～9：30在学校有事——讨论问题、做运动，或是别的什么。于是你得到的就是一扇关了又开、开了又关的门，重叠的时间表，以及来来回回的接送。

我通常在5：30～6：15这段时间准备晚餐，一般也会得到丈夫和一个孩子的帮助，但除非我在送孩子之前已经开始做饭了，否则他们基本帮不到我什么。

我注意到，在起步阶段就把事情转给其他人做是很困难的，因为你在脑海中已经有了一大套烹饪计划。中途把任务的执行交给其他人（例如年龄较大的孩子），也很困难。点外卖则要容易得多。这就是我认为 Meal-kit 配送服务会受欢迎的一个原因（虽然我没有看到餐饮公司明确提出或宣传这一点）——人们能把做晚餐这项任务轻而易举地交给别人。所有的食材和菜谱都摆在那里，所以从头开始准备晚餐所需要的时间就减少了——大多数套餐的准备时间还不到45分钟。如果你盯着三天前买的一堆食材，但没想好如何处理它们，就不可能在这么短的时间里从头开始做好晚餐。

珍在冰箱里储备了基本的食材，但如果没有制定膳食计划，她晚上就不知道该做什么，有时还得放下手头的工作出去购买缺少的食材。这意味着即使有其他人在家，他们也无法开始做饭。珍每天或每隔一天都要在下班回家的路上买东西。一个晚上完成计划、购物、准备、烹饪、上菜和清理对她来说几乎是不可能的。

忙碌的家庭没有多少时间在工作日做晚餐。在与珍这样的母亲交谈，以及阅读对 Meal-kit 配送服务的评论的过程中，我注意到一个共同的主题：在工作日预先计划和提前准备晚餐的重要性。特别是在观察了晚餐的准备阶段之后，我相信膳食指导和食材准备仍有发展的空间。妈妈们无须使用 Meal-kit 配送服务，就能计划、采购和准备晚餐。

我的 DIY 晚餐方案不仅能节省时间，还能让珍的大脑留出更多的空间给其他事情——因为她已经在冰箱里备好了食材，而且她不是唯一一个知道里面有什么的人，所以其他人可以参与进来并提供帮助。在节省时间方面，提前购物可以在 60 分钟内为 4 餐饭准备好基础食材。由于大部分的切菜工作和一部分的烹调工作将会提前做好，一顿工作日晚餐在准备阶段能够节省 20 分钟，在清理阶段能够节省 10 分钟。结果做饭只需要 30 分钟，总共节省了 30 分钟。因此，从本质上讲，DIY 晚餐方案将时间缩短了一半 ——工作不会消失，它只是被重新分配了，工作的效率也提高了。

点燃想象

> 想象力是人类设想尚不存在的事物的独特能力，因此是所有发明和创新的基础；它还是人类改造和揭露现实的能力，使我们能够对自己未曾经历的人类苦难产生同理心。
>
> ——J. K. 罗琳

大多数人都会承认，我们有时可以做到充满好奇又善解人意。但是我们却拒绝相信自己拥有想象的能力，认为想象力是少数人的天赋和责任。想象力已经成为创造潜力的代名词。我们相信它存在于伦敦设计学院、巴黎艺术工作室和硅谷孵化器中，那里汇聚了所有具有想象力的人。我们认为想象力属于那些捕捉旋律、在画布上涂抹，以及随身携带 Moleskine 笔记本记录灵感的人。我们已经相信了这样的谎言：只有那些有材料证明他们拥有想象力的人，才能去想象，就好像游乐场中的身高限制：你必须在某个身高以上才能参与游乐项目。

　　评估幼儿发展状况的第一个也是最经久不衰的测试是 20 世纪 20 年代弗洛伦斯·古迪纳夫（Florence Goodenough）开发的"画

人"测试。测试要求孩子在没有帮助或提示的情况下画出她所能画出的"最好的人",然后根据画中包含的细节数量进行评分。代表头部的圆圈是一个得分点,面部特征和身体部位都分配了相应的分数。有的孩子会把头部画成身体的两倍大,并把手臂和腿直接安到头上;还有孩子会画出独立的身体,并把手脚补充完整;如果能画出十个手指、十个脚趾、鼻子、耳朵、衣服和性别特征,这个孩子就是超级巨星。几十年来,人们评估、鼓励、关心全球中产阶级家庭儿童的智力,并在无意间把它与想象力和创造力联系在了一起。受其影响,父母认为只有符合标准的想象力才是好的,他们一再地把这种观念传递给他们的后代。

1978 年,创作歌手哈里·查宾(Harry Chapin)的秘书告诉他,他儿子的老师在成绩单上写道:"你儿子的步调和大家不一致,但我们会让他在学期结束时跟上队伍。"查宾为此非常沮丧,写了"花是红的"(Flowers are Red)这首歌,主旨是每个人对世界的看法既独特又正当。没有跟上大部队的恐惧是真实存在的,这种恐惧有时被跑偏了的教师以及充满关心和爱的父母传染给了孩子。结果,孩子在成年后往往会放弃想象或创造未来的责任。事实是,世界的繁荣需要不止一种步调。许多对世界影响最大的人并不是典型的创造者。他们是在日常生活中看到各种可能性的人。那位外科医生认识到医生们正在杀死他们试图挽救的病人,因为他们没有洗手。在大萧条威胁到建筑业务时，那个木匠创造了世界上最受欢迎的建筑玩具。这些并不比你更聪明或更好的人，知道放手让自己去大胆想象。

案例分析：想象力

"谁捐一坨屎"：如何让消费者驱动慈善？

西蒙·格里菲斯（Simon Griffiths）2001 年开始在墨尔本大学学习工程和经济学。在上大学期间，他利用漫长的暑假为亚洲的非政府组织做志愿者，帮助他们开展发展型工作。西蒙毕业后想在世界著名的管理咨询公司麦肯锡（McKinsey）工作，他尽了一切努力让自己进入了该公司的视线。等到他终于被录取了，他又在怀疑这份工作是否真是他想要的。他在工程行业和投资银行工作过一段时间，心知自己在做成长型工作时会更开心。所以他拒绝了麦肯锡，决定用自己的技能去解决社会问题。于是他来到了南非，想在成长援助组织工作。

西蒙对市场、解决问题和创新充满激情。虽然他喜欢他现在的工作，但他意识到，成为一名社会企业家可以让他产生更积极的影响。他以经济学家的目光看到了许多令人沮丧的统计数据，比如有 7.8 亿人无法获得清洁的饮用水，以及有 25 亿人没有厕所可用。现实改变的速度之慢，让他无法在有生之年看到问题得到解决。他也知道，在发展中国家度过的十年间，地球上很少有看得见的改变发生。当他问援助组织的同事为什么改变如此缓慢时，原因常常是资金不足。

正是从这一点出发，西蒙开始深入挖掘大部分的资金来自何处。令他惊讶的是，大部分资金不是来自政府或组织，而是来自个人捐助者。澳大利亚人平均将自己年收入的0.36％捐给慈善机构。若要让援助成长资金充裕，这个数字至少要乘以15甚者30。我们不可能要求当前的捐助者补足这一缺口。西蒙认为我们需要重新思考如何让人们参与慈善事业：不是要求人们改变他们的行为，而是要把捐赠和人们每天所做的事情联系起来。

他的第一次尝试是一个名为"Ripple"的点击即可捐赠的应用程序，由他和三个朋友在2007年推出。这个风险项目是100％非营利性的，它采用了横幅广告的收入模式。随着媒体业态的改变，这一收入模式最终未能成功。他们最初的意图是利用Ripple在慈善捐赠中吸引新的受众；然而，西蒙很快意识到，他们所吸引的120万人已经是捐赠者了。于是西蒙开始加倍努力，专注于把捐赠和人们现有行为联系起来。他的目标是发展"消费者驱动型的慈善事业"，将我们的日常消费与社会影响联系起来。

当时24岁的他认为，酒吧是一个接触没有捐赠行为的新受众的好地方。于是，Shebeen酒吧的创意诞生了，这家酒吧供应来自发展中国家的饮料，并将其100％的利润捐赠了出去。但就在

Shebeen 诞生之时，西蒙开始意识到实体商业模式不具备扩展性。（不幸的是，这个想法后来被证明是正确的，Shebeen 在 2016 年关门了。）他开始考虑不同的商业模式和每个人都会使用的电商快消品。就在那时，他产生了创建卫生纸品牌的想法，该品牌将把 50％ 的利润捐赠出去，用于在发展中国家修建厕所。西蒙计算得出，如果他们能够占领澳大利亚卫生纸市场的 1％，企业主就会赢得 60 万美元的利润，每年可以建造 240000 个厕所。这个新品牌就叫作"谁捐一坨屎"，它在 2012 年推出，距离 Shebeen 诞生仅仅六周。

Simon 非常清楚这两个项目需要遵循的三个标准，这三个标准是其业务和营销模式的一部分：产品的质量必须是顶尖的；销售永远不应该由罪恶感驱动；价格必须与消费者期望为该类别中现有产品支付的价格一致。"谁捐一坨屎"（Who Gives a Crap）在 Indiegogo 上众筹成功，前 50 个小时就完成了 50000 美元的集资目标（西蒙参加了直播，他坐在马桶上直到集资目标达成）。该活动共筹集了 66000 美元，产生了价值 100 万美元的广告效应，并为"谁捐一坨屎"找到了早期的捐赠者。该产品现在以 24 卷或 48 卷的包装在线销售，并直接快递给客户。在短短三年内，该公司已向 WaterAid 等非营利组织捐赠了 428500 美元，用于改善需要改善的卫生设施。

"创新者的早晨"：如何在设计界激发并创造更多联系？

蒂娜·罗斯·艾森伯格（Tina Roth Eisenberg）是一名在布鲁克林生活和工作的瑞士设计师，她在 2005 年开始做自由设计，此外还创建了现象级的博客 Swissmiss，该博客从设计界的读者那里获得了数百万条独特的观点。虽然是一名独立设计师，蒂娜本能地理解与志趣相投的人交流的重要性，这些人会激励她用更高的标准要求自己。

由于相信周围的人会改变自己的梦想，2008 年夏天，蒂娜在布鲁克林开辟了一块共同工作空间，此后这个空间开始发展壮大。她时常从办公室向东河对岸的曼哈顿望去，思绪飘到了在城里生活和工作的数百名可能永远不会见面的创意人。只要有机会，她就会参加会议和活动，但这些活动每年只举办一次，费用往往很高，而且需要她长时间离开工作岗位。也就是说，她和许多自由职业者都无法加入进去。蒂娜梦想创办一个活动，把创意人聚集在一起，而且谁想参加都行。社会经济学家克莱·舍基（Clay Shirky）曾说："我们系统性地高估了获取信息的价值，但却低估了互相接触的价值。"受此启发，2008 年 9 月蒂娜决定在共同工作空间举办小型免费早餐活动来测试自己的想法。有 45 个人早早地出现在了现场。百吉饼很晚才上来，但人们喜欢这个活动。

在接下来的一个月，蒂娜对活动做了微调：在日程表中添加一个发言人。于是，信息建筑师卡尔·柯林斯（Carl Collins）在该市的 Huge 公司面向 75 人做了发言。仅仅两次活动后，"创新者的早晨"（Creative Mornings）就步上了正轨。"理念很简单：早餐和星期五早上的一次简短交流。每次活动都是免费的，任何人都可以参加。"这个活动在纽约持续了两年。2009 年和 2010 年，她来到瑞士度假并决定在"星期五"回收工厂（FREITAG）举办一次同样的活动。

不久之后，有志愿者联系到她，说想在苏黎世创建和运营这项活动的分会。此后，洛杉矶和旧金山的分会也很快跟进，主办者都是相信蒂娜愿景的志愿者。在相信该愿景的企业赞助商的帮助下，并得益于免费的活动场地，分会数量由 4 家增长至 100 家。现在，"创新者的早晨"在世界上共有 148 个分会，由 2000 名志愿者组成。此外，乐于分享的发言人也为这项活动提供了数百场在线免费讲座。2014 年 9 月，蒂娜举办了第一届"创新者的早晨"组织者峰会，共有来自 35 个国家的 175 名组织者与会——正是蒂娜的愿景把他们联系了起来。

纽约的"创新者的早晨"会定期举办活动，视场地情况每次有 300 至 600 人参加。这些活动曾在纽约现代艺术博物馆、纽约公共图书馆和布鲁克林音乐学院举行，其门票在两分钟内就被抢购一空，有企业家赛斯·高汀（Seth Godin）发言的活动门票在 20 秒内就被抢完了。

现在，参与者每月都会有一个星期五在世界各地的城市免费聚会，他们聆听行业大师的讲话，结识当地的创意人才，并与志同道合的创意伙伴一起喝咖啡。

迷你胡萝卜：如何减少农产品的浪费？

迈克·尤洛塞克（Mike Yurosek）子承父业，一生都在加利福尼亚州务农。他工作努力，并为将 Yurosek & Sons 农场扩张到 400 英亩而自豪。关于务农，真正令他担忧的是他每天浪费的农作物。他每天收获 2500 吨胡萝卜，但不得不筛掉其中的 400 吨，因为它们"不够好看"，不能在杂货店出售。畸形、断裂或弯曲的胡萝卜不能出售。虽然被筛掉的胡萝卜有一部分可用于榨汁或制作动物饲料，还是有相当一部分被丢弃了。

从 1986 年开始，这种担忧几十年来一直萦绕在迈克心头。他开始思考从他手中购买原材料的位于中央山谷的蔬菜加工商是如何准备、加工和包装冷冻蔬菜的。他想知道他是否也可以做些准备工序，把那些畸形的胡萝卜利用起来。这个想法一定行。

迈克拿了一批本应被筛掉的胡萝卜，用削皮器切成规则的形状。这项工作显然太费人力，所以他从一家与他有业务往来的冷冻食品公司购买了一台工业绿豆切割机，把胡萝卜统一切成两英寸的条状。在当地的一家包装厂，切好的胡萝卜会被放入工业削皮器中削圆并装袋。于是，袋装的迷你胡萝卜就这样诞生了。尤洛塞克将几袋迷你胡萝卜送到了洛杉矶 Vons 超市的客户手中。第二天对方打来电话，要求他只供应迷你胡萝卜给他们。

迷你胡萝卜不仅受消费者欢迎，还能让商店老板获得不菲的收入。一袋普通的胡萝卜进价是 10 美分，每卖出一袋，他们只能赚 7 美分；而迷你胡萝卜每磅的进价是 50 美分，却能以 1 美元售出。到 1989 年，迷你胡萝卜已经成为一个繁荣的产业了。

在其他农民专注于完善生产技术以减少浪费的时候，迈克创造性地提供了客户想要的东西，将胡萝卜的销量提高了 35%，甚至重新塑造了整个行业。

现在轮到你了

想象：在问题和解决方案之间创建意想不到的联系

当我们停下来从不同的角度看问题时，常常会取得意想不到的突破。迈克·尤洛塞克没有把浪费看作生活中的既成事实，而是坚持寻找解决方案。这个解决方案事后看来似乎显而易见，但它在当时是革命性的。他需要想象如何让产品更具吸引力，而不仅是如何避免浪费。结果，他得到了一个双赢的解决方案。

你会在下面找到一些练习来帮助你发展你的想象力。

练 习

挑战假设

提 示

选择一个你喜欢并每天使用的物品，你觉得它很好用。我选择的是我的运动鞋。

行 动

花十分钟检视这件物品，列出你喜欢的地方并写出原因。

接下来考虑如何调整或改进它。想想你会做出什么改变，为什么。

领 悟

关于这件重要的产品，你发现了什么不太明显或是隐藏的细节？做什么才能彻底改变这个产品或类别？（如果我是运动鞋制造商，我会让人们有机会选择自己最喜欢的老款新鞋，而不是每年只出新款。这当然可行，因为这个行业正在迎接 3D 打印。）

为什么会这样？

提 示

每天你都会碰到令你沮丧的事情。选择一件进行深入挖掘，了解设计师 / 企业 / 地方当局为何这样设计它。

行 动

选择一个令人沮丧的产品或一次令人沮丧的体验。描述令你沮丧的事物以及为什么它会这样设计。

领　悟

对于它的设计方式，你有何发现？这个独创性的决定或疯狂的想法背后是否存在某种逻辑？

为什么不这样做呢？

提　示

你会看到你渴望改变或改进的东西——它或许就是你在上一次练习中探索过的东西。

行　动

列出该产品或体验令人沮丧的原因。

怎样做才能让产品或体验变得更好？列出这些改变。

你的改变如何为用户提供更好的产品或体验？

领　悟

你发现了什么可能的改进？

在做出该项改进时，你面临的最大困难是什么？你会如何克服它？

面对困难，你还会坚持这项改进吗？为什么？

记下你的发现，以及你在工作中会如何使用它。

反其道而行

提　示

世界上一些最成功的想法来自对相反情况的想象。例如，最强泥人（Tough Mudder，仅仅 5 年就在全球吸引了 200 万参与者）等泥泞竞赛活动就是从想象与马拉松相反的事件中得来的。马拉松是长距离、竞争性、个人独立完成的赛事，通常在某一种地形上举行。与之相反，最强泥人是团队竞赛，人们需要经过泥沼、冰水和其他具有挑战性的障碍。其他例子还有空中瑜伽和 KeepCup。

行 动

找出一件你认为可以改进的产品或体验。列出该产品或体验的特征。现在想象一件与它相反的东西。列出你所想象的这件东西的功能、优点和属性。

领 悟

你发现了什么可能的改变？

这种改变针对的是谁？

他们为什么会欢迎它？

拥抱约束

提 示

当我们考虑改进现有的创意、产品或服务时，我们通常想到的是为它添加新的功能和优点。如果改进它的方法是拿走一些东西来简化它呢？最著名的例子就是 iPhone。苹果公司发现手机键盘占据了整个手机的 40%，而且在很多时候是多余的，于是就诞生了 iPhone 这项突破性发明。

行　动

选择一件你每天使用的产品或服务。我选择的是我的多程序洗衣机。仔细检查这样东西。你会剔除哪些功能，为什么？

领　悟

这种改动对用户体验有何影响？

描述简化后的产品或服务怎样改进了用户体验。

允许自己做些无聊的事

提　示

用机械的身体任务来分散注意力，有助于提升创造力。有研究表明，做完一件不需要运用想象力的无聊的事之后，我们会更有创造力。

行　动

选择一件要做的事。可能是熨衬衫、洗车或耙树叶。

领　悟

不再思考创造性的问题之后，你注意到了什么？

你得到了什么意想不到的创意？

写下自己的体验。

转移灵感

提　示

查看某一个领域的解决方案可以为你提供能够转移到另一个领域的领悟。例如，建筑师经常受到来自自然界的启发。伦敦180米高的标志性摩天大楼"小黄瓜"，其外骨骼式通风系统的灵感就来自海绵和海葵，它们通过引导海水流过身体来获取食物。请走出自己的舒适区，了解完全不同的东西吧！

行　动

观看自然纪录片。观察师傅吹制玻璃。学习如何磨刀。记下人们提出的独特问题和解决方案。

领　悟

他们使用什么策略来克服具体的困难？

他们采取了哪些独特的解决方案？

你可以使用哪些关键领悟激发自己的创意？

重塑未来

提　示

前面我们谈到了谷歌的"登月工厂"，在那里他们用技术解决影响几十亿人的问题。假设你正在"登月工厂"工作，有机会解决这类问题。

行 动

选择你要解决的问题。

领 悟

随着技术的进步，五年内这个问题的完美解决方案会是什么？

是什么阻碍了我们现在就解决这个问题？为什么？

解决这个问题会经历哪些步骤？

案例：激发你的想象力

基兰是一名设计专业的研究生，他定期会和朋友们在澳大利亚西部的罗特内斯特岛露营。该岛是一个无车区，人们出门靠的是骑自行车或步行。

提 示

你会看到你渴望改变或改进的东西——它或许就是你在上一次练习中探索过的东西。在澳大利亚方言中，"dinky"是指用自行车带成人的行为（这严格来说并不合法，不过如果你没有自己的自行车，这是个在罗特内斯特岛上出行的好办法）。人们通常把叠好的毛巾绑在车座后面的平板架上，然后坐在上面。

行 动

列出该产品或体验令人沮丧的原因。

怎样做才能让产品或体验变得更好？列出这些改变。

你的改变如何为用户提供更好的产品或体验？

除了存在明显的安全问题，坐在上面舒适性也不好。可能会出现这些问题：毛巾松开后绞进后车轮；平板架因额外的负重而弯曲。现有的自行车平板架并不尽如人意。这是一个被忽视的机会。我想设计一个多功能座椅，它能方便地安装在普通自行车后面平板架的位置。带人座椅可以用刚性塑料制成，还可以折叠成一个箱子，用于从杂货店和补给中心向海滩运送物资。此外，这款多功能自行车配件还能极大地提高安全性，并为尴尬的带人体验带来舒适和优雅。

领　悟

你发现了什么可能的改进？

在做出该项改进时，你面临的最大困难是什么？你会如何克服它？

面对困难，你还会坚持这项改进吗？为什么？

记下你的发现，以及你在工作中会如何使用它。

了解用户（骑车者和后座乘客）的需求并设计产品并不是一件难事。制作带人座椅的样品并对其进行测试非常简单。落实这项发明的最大挑战是要符合道路安全标准。我仍想将这个产品变为现实，因为我相信这里存在尚未被满足的需求。我还想看到带人座椅出现在城市地区，它们将被用于短途通勤以及在成人自行车上带年龄较大的儿童（符合安全标准）。使用传统方法带人是不安全的，一个更安全、更实用的座位配件是个好创意，它将降低交通事故的发生概率。

总　结

在宇宙中拖拽一件东西，你会发现它与其他所有事情都相关。

——约翰·缪尔（John Muir）

背　景

我们受到环境的影响和塑造。环境不仅是我们所占据的物理空间，还包括我们选择交往的人和我们从这些人身上获得的期许、价值和能量。这些就是领悟和创意产生的背景。

小时候，我花了很多时间听大人讲话。我父母各自都有十个兄弟姐妹。我是父母的长子。我家的五口人与我的外婆和舅舅住在一起。那是一套两居室的小型半独立住房，位于美丽的都柏林南郊。可以想见，我们住得很挤（虽然并没有像爸爸小时候那样六七个人睡在一张床上）。家里没有可供孩子玩耍的独立房间，这么小的客厅没法安排所谓的"亲子时间"，大人和孩子之间也没有隔离措施。

家里一刻不停地在烧水泡茶。那是一个要交谈就得见面，整条街只有一个家庭有电话的时代。那时候，大人们总是停下来与他们遇到的每个人聊天。站在一旁的孩子，支撑的脚从一只移到了另一只。你不敢拉母亲衣角让谈话早点结束。步行一英里到商店购买新鲜火腿和晚报就得花上一个小时。孩子们学会了耐心等待。

这类的日常交流就是我的背景。在餐桌上画涂色书时，我听到了大人们的谈话。我听到了关于金钱的争执和邻居的八卦，听到了卷烟的价格和对教会的看法。我听到了邻居的串门，听到了很早以前就去伦敦和莱斯特寻找工作和新生活的姨妈和舅舅的奇怪口音，说他们回家就是为了吃上一块像样的面包。我知道了在英格兰，人们管青葱叫嫩洋葱，土豆和香肠也和这里的不一样——于是他们走的时候在破旧的行李箱中装了几磅的内脏。

我心不在焉地听牧师在周日的弥撒上布道，听修女每隔一天在修道院的走廊里布道。我在舅舅治眼的医院里无意中听到了护士们的善意，在他购买摩托车的雅马哈商店里听到了车手对骑行的热爱。我坐在摩托车后座上听到呼呼的风声，我在墙壁那头、街上和公交车上听到了邻居的声音。我听到男人们在 Milosfsky 木工用品商店十个十个地订购螺丝，听到老太太们在 Mrs O'Hanlon 订购每份四分之一镑重的止咳糖。我听到刚出生的妹妹在隔壁房间哭号，我和外婆在我俩的床头深呼吸迎接婴儿的到来。这是教育资金无法买到的。

现在我用倾听来谋生。我倾听细微的差别、故事中的魔力、电子邮件的语气（是的，我相信如果你仔细衡量每个单词和标点，你就能知道对方在按下发送键时的感受）。我的儿子们从来没有耐心地听过大人讲话。游戏、聚会和外出都是按部就班地进行。总有更有趣的地方吸引着他们，那里充满了玩具和游戏，图画和书籍，树屋和水滑梯，兄弟姐妹和朋友。

今天，耳塞永远都在手边，除非我们想听，没有什么人或事是我们必须去听的。我们的注意力要么被有意地引导，要么被偶然地吸引。我们选择、下载并精心管理着自己的背景。我们如何选择、注意到什么，会影响我们的想象、创造，以及我们最终会成为什么样的人。什么是真正值得你花时间去做的？利用这些时间你能扩大自己的影响力，并在身后留下珍贵的遗产。

你是独一无二的

一个夏天的雨夜，纽约苏荷区（Soho），爱丽丝·坎宁安（Alice Cunningham）开始阅读父亲那天拿给她的新书。确切地说，它并不是一本书，至少现在还不是。爱丽丝正在阅读打印得整整齐齐的书稿，如果父亲决定买下它，它就会被做成书。巴里·坎宁安（Barry Cunningham）是一家业务刚刚起步的英国出版商布鲁姆斯伯里（Bloomsbury）的首席执行官。现在，他仍然在犹豫。

爱丽丝无法放下这本书。

第二天早上父亲从她那里拿回了手稿，问："我想买下它，你觉得怎么样？"

"这是个好主意！"爱丽丝回答。

1996年8月的那个早上，坎宁安打了他职业生涯中最重要的一个电话。他经过协商买下了一位不知名作者的前两本书的版权。他为全球英语版权（不包括美国）支付了2500英镑的预付款。无论是出版商还是作者都不知道，正如坎宁安后来所说的，这将是"50年来最重要的版权交易"。J. K. 罗琳的《哈利·波特》系列持续销售了4.5亿套，该系列的最后四本成为历史上销售最快的书籍。在那个决定性的夏日之前，罗琳的手稿已经被十二个出版商拒绝了，它最终来到了巴里·坎宁安和爱丽丝·坎宁安这里。

十多年后，每当有人要求他讲述发现《哈利·波特》的故事，坎宁安都会笑着回答："我绝对没有想到。"然而，他做到了。

有机会出版"哈利波特"的经验丰富的出版商有一大把，为什么只有巴里·坎宁安最终抓住了机会？当然，现在问巴里这个问题，他会给出一个回顾性的答案，一个没什么帮助，但会把从当时到现在所发生的一切影响都囊括进来的答案。他会像在采访中所说的那样，说他喜欢魔法和学校，幽默和逆境，但真正俘获他想象的是人物之间的友谊。他会说，一本书是好是坏，通常他读个两三章就能知道。他可能会讲述他确知他们将要成功的那一刻——他和女儿的一个朋友一同走过学校走廊，她抱着一本《哈利·波特与魔法石》，感叹道："我爱这本书！"

真相将永远是一个谜。灵光闪现的时刻是由导致它们的经历所塑造的，我们不可能知道成我们千上万次经历和遭遇的真正影响，这些经历和遭遇使我们成为我们，它们影响着我们即将做出的判断。我们知道，在哈利·波特的故事落在他的桌子上之前，巴里在童书出版方面十分亮眼。他拥有剑桥大学的英语学位和 20 年的行业经验，曾在多家顶级出版社工作，包括企鹅、海雀（Puffin）和兰登书屋。

但那些拒绝手稿的人同样有着丰富的经验。巴里的个人价值观和生活经历是如何发挥作用的？难道他六岁时就不幸地失去了自己的父亲，所以才被孤儿巫师的故事所吸引？或许是巴里"看着孩子们看书并真正倾听孩子们的活动和语言"的背景，以及他作为六个孩子的父亲的亲身体验起了作用吗？这是否让他更有资格，让他相信自己的直觉，知道什么样的童书能在孩子们的枕头底下占据一席之地？也可能是因为手稿来自代理人克里斯朵夫·里特尔（Christopher Little），巴里非常了解和信任他？是他的女儿爱丽丝对前几章的看法让他签下了合同？巴里的决定归根结底是由他的世界观所决定的吗，也就是"让你的心和情绪来做主吧，因为它们掌控着读者——不必是写得最好的，主题也不必是最敏锐的"？

我们（甚至可能是他）永远不能确切地知道答案。当我们寻找过去的成功或他人成败的线索时，我们把关注点放在了真理现身的那一刻。我们检视他们在一个独特且无法解释的时刻的表现。这类似于重新审视成功的运动员赢得比赛时的表现，我们知道这些表现源于他在比赛开始之前很长一段时间的积累或撞线之前的表现。根据定义，突破性的创意就像预感和拥有预感的人一样，是独一无二的。我们或许不是下一个巴里·坎宁安和 J. K. 罗琳，我们也不必成为他们。

你是独一无二的。没有人拥有与你完全相同的经历或背景；没有人拥有和你一样的心灵、思想和看待世界的独特方式。没有人知道那些独特经历和问题会带给你什么领悟，也没有人知道谁在等着你提问或回答。

确定的恐惧

我们从过往的经验中学到，成功的路上不免要遭遇失败。我们确切地知道，失败是成功的关键因素，为了取得成功，我们必须先暴露自己。有能力与这种确定的恐惧为伴——在专注于未来目标的同时平衡风险和回报或迎接机遇的挑战——是开拓和前进所必要的。在通往发现的旅程中，恐惧的目的是表明我们自己正在做一些值得去做的事情。我们体验到的恐惧表明我们关心结果和我们希望产生的影响。发现、发明和创新关乎学会与恐惧为伴并超越恐惧。

正如波士顿咨询集团的报告"2015 年最具创新精神的公司"中所说，因为研发"本质上是一种学习，在此过程中，自由地追随未经检验的假设和预感至关重要"，大多数创新公司都有一个特质，那就是他们都鼓励"乐观偏见"。他们创造出了一种机制，让"赌一把"的勇气能够爆发出来。最具创新精神的公司创造出一个环境，让员工在面对不确定的结果时更有安全感。

我们最大的两个对手来自内心：恐惧失败（影响我们承担风险的意愿），以及缺乏自信（阻止我们尝试新事物）。我们只是不喜欢犯错。但根据皮克斯总裁艾德卡·卡姆尔的说法，错误不是一种必要的罪恶，而是创新的宝贵且"不可避免的后果"。

我们要有勇气让自己脱离正轨去犯错。

尝试并检验

拥有多项创意的创新型人才经常后悔没有把它们付诸实施。他们常常在等待创意臻于完美或完全成型，或者只是不想付出努力去实施。创意的好坏只有在它成为现实的时候才能定论。我们都知道一辆设计精美的意大利磁动力汽车上路时会引人侧目。虽然对的创意很重要，但开始和完成同样重要。

《爆款的套路》主要是帮助你练习在看到好的创意和机会时把它们识别出来。还有很多其他书籍可以帮助你实施这些创意，本节提供了一个简短的概述，希望能帮你考虑下一步行动。这是一个让创意走出笔记本进入现实的机会。制定目标、行动计划和检验方法，可以让你从创意走向现实。想想黛比·斯特林为GoldieBlox 在 Kickstarter 举行众筹活动时的目标、规划和检验成功的指标。

执行创意的七个步骤

1.确定优先次序：选择那个实现它会让你最兴奋的创意。选一个！

2.明确：定义你的问题并确定你是为谁解决这个问题的。

3.计划：制定行动计划，其中涵盖从概念到创造再到验证的一系列动作。

4.汇总：收集你需要的信息、合作者和资源。

5.执行：制作样本或测试版——这是你的"最小化可行产品"（MVP）。

6.验证：调查存在该问题的人的想法。

7.评估：获得反馈、调整、改编和修改。

成功的创造者，发明家和创新者不会瞪着眼等待完美的降临。他们尝试、检验并迭代——使用在流程每一步获得的新鲜领悟来改进自己的想法。

机　会

也许你就是一个想要更多证据的人。毕竟，我们还没有找到方法来衡量我讲的这些策略的有效性。我们没有确凿的证据证明这些方法适用于每个人。你怎么知道你的预感会得到回报？什么机会是对路的？这本书能帮助你获得什么机会？

三个朋友出租公寓的闲置空间，让他们有能力支付租金，并创建一家价值 250 亿美元的住宿服务公司的机会在哪里？

让几个爱尔兰小伙子十几岁就成为有史以来最畅销的乐队之一，赢得了最多的格莱美奖，并且在四十年后仍然在一起的机会在哪里？

让一个大学生的儿子被工薪阶层的父母收养，辍学，然后创建了世界上最受欢迎的公司的机会在哪里？

我不是要你看到冷冰冰且毋庸置疑的现实。我想请你想象一下，如果你给它们一个机会，本书中的创意就可能为你所用。

因为你有机会成就它们。

下一个爆款产品

1992 年我的长子出生时，我还从未听说过苏珊·比尔博士，但我知道让婴儿躺着睡而不是趴着睡有多重要。这么多年来我一直记得英国的助产士和健康专家如何向我们这些新母亲灌输这个观念。我们很幸运能够从一位女士的专注工作中受益，她关注行为的模式，她在距离我们几千英里的地方关注着自己的预感。

很多关于"下一个爆款产品"的文章和分享都指向技术的进步，这些技术将在巨大的飞跃中取得进展。但是，倘若没有我们已经开发和使用了数百年的旧技术和人类技能作为基础，尚未进入我们视线的未来是不可能建造出来的。自动驾驶汽车的道路仍然有待开辟。在 21 世纪，正如《纽约客》（*New Yorker*）的朗达·谢尔曼（Rhonda Sherman）所写，我们开始认为进步"与物品有关，比如小工具、小部件、机器、设备"。这些物品正在发生改变，正如谢尔曼所说："今天，技术故事就是人类的故事：它们与我们在吃、穿、思考、投票以及恋爱方面的变化息息相关。"下一个爆款产品将更少地与产品本身有关，而更多地与它想影响的人有关，这就是为什么搜索它必须从它将帮助的人开始。我想我们已经忘记了这一点。

同样值得记住的是，今后的每一件爆款产品或突破性创意都源于那些寻找它的人。我们的缺陷和局限性正是创新和变革的动力——梦想非凡的平凡人一小步一小步地向着目标前行。

我们倾向于认为下一个爆款产品会改变数百万人的生活，一夜成名，为创造它的人赚取数十亿美元。我们被创造下一个统治世界，带来经济回报、个人成就和成功的重磅想法所吸引（即使我们很少停下来定义成功对我们个人意味着什么），就好像爆款产品就必然能带来这一切。事实上，你不必成为开发自动驾驶汽车或协调火星任务从而改变世界的团队中的一员。一个简单、深思熟虑的创意就可以改变世界的一个小角落：设计一本漂亮的涂色书，让人们停下脚步去创作；制作一种建筑玩具，激发下一代女孩想象她们能够做到的事情；向人们展示如何整理杂乱的房间，发现对他们真正重要的东西；细心地注意到没有干净衣服穿的孩子第二天不会来上学。有意义的创意要用目标和耐心来创造，而这需要时间。

今后的每一件爆款产品的核心都是个人对改变的追求，改变某个人或某件事，做有意义、有成就感、能影响他人的工作。我们的下一件爆款产品始终是我们尝试过且为之自豪的东西。用户外用品公司巴塔哥尼亚（Patagonia）的创始人伊冯·乔伊纳德（Yvon Chouinard）的话来说就是："如何攀登山峰比到达山顶更重要。"我们有能力在旅程的每一步影响世界，而不仅是在把旗子插在山顶的时候。

埃隆·马斯克在2016年9月公布了他对火星移民的大胆愿景，然而评论员们谈论他的傲慢和缺乏敬畏与谈论计划本身一样多。

他们评论说，马斯克的最大优势可能是他从未恐惧失败。这不可能是事实。他当然恐惧失败。如果他不恐惧失败，他就不会追求成功。你不能既关心某些事情，又在失败的时候无所谓地耸耸肩。恐惧和成功是相辅相成的。马斯克和我们中的许多人的区别在于：他对失败的恐惧及不上对没有全力以赴的恐惧。

我们对失败的恐惧从来没有像现在这样真实——我们比以往任何时候都有更多的权力来决定我们的工作和生活道路。对于一个生产创意，开展业务或领导团队的企业家来说，这是一件令人恐惧的事情，这还没有算上在出现问题时要承担的责任。知道自己需要承担责任同样令人恐惧。

回顾你已经取得的成功（无论多么渺小），你会发现成功总在恐惧过后发生。这种体验将再次出现。你可能与火星使命无关，但你的使命对于你来说和埃隆·马斯克的使命对他来说同样重要和可怕。恐惧表明你可能正在创造下一件爆款产品。

路是走出来的

了解你的创意的目标受众，在工作的核心位置为他们留下空间，这就是产生最佳创意、创造意义的方法，如果幸运的话也是持续被爱的方法。是什么创造了一个令人信服的创意、一本令人难忘的书、一段令人感动的音乐？是创造者本能地选择放弃的东西，是两个音符之间的静默。正如作曲家古斯塔沃·桑塔欧拉拉（Gustavo Santaolalla）所说："不演奏时更难。"

知道要演奏哪些音符，是所有变革的根源。识别这些音符的能力来自练习。不仅要花 10,000 小时阅读乐谱、练习指法，更要了解聆听者的感受 ——我们需要与渴望成为他人的一部分的人、渴望被感动的人、渴望找到归属感的人建立联系。

我们的工作不是演奏每一个可能的音符。我们每天都要演奏那个让自己感到骄傲的音符，并且经常让其他人也这样做。如果我们不能对不确定性泰然处之，我们就永远不能迈出第一步。用西班牙诗人安东尼奥·马查多（Antonio Machado）的话来说，就是："本来没有路，路是走出来的。"

只要尝试去找，天才就会被发现。没有找到它的人，和找到了它的人之间的区别，就在于他们相信自己。相信自己。开始。

预感日志

在下一页，你将看到一份预感日志（也可以从 www.hunch.how 下载）。该日志可以帮助你记录创意的发现过程。它既可以作为笔记工具，也可以作为创意记录。每个日志分为四个部分：

灵感：火花

领悟：启示

创意：解决方案

实施：执行

为了展示如何使用这个预感日志，让我们看一下 Spanx 创始人萨拉·布莱克利如何填写它。

灵感：火花

试穿奶白色裤子时我很沮丧，内裤边缘的线条会透出来。

领悟：启示

我把连裤袜上脚的部分剪掉，穿在裤子里面。效果很棒。不雅观的内裤边线消失了。

创意：解决方案

无痕塑身内衣。

实施：执行

申请设计专利。制作样衣。寻找制造商。

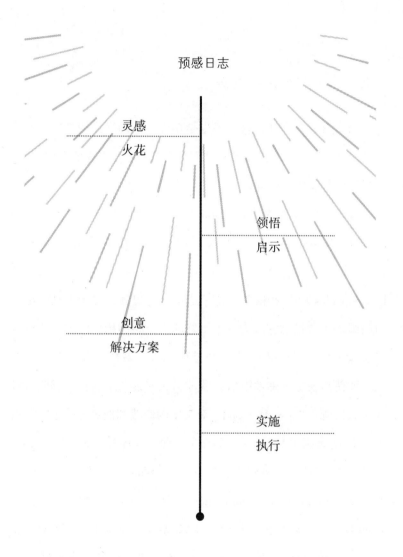

预感日志

灵感
火花

领悟
启示

创意
解决方案

实施
执行

致 谢

与所有创意一样，这本书也是在许多人的工作的基础之上写成的，其中一些人永远不知道他们的创意会产生多大的影响。

所以我要感谢很多人。

感谢英国和美国的 Portfolio Books 和企鹅兰登书屋（Penguin Random House）敬业的团队，他们不仅为了作者，也为了读者努力地工作着。感谢纽约的尼基·帕帕多普洛斯（Niki Papadopoulos），她相信并支持了这本书的出版，并用她充满洞察力的编辑工作推动它成为一本更好的书。感谢伦敦的编辑和英雄弗雷德·巴蒂（Fred Baty），他是最积极、最热情和最有活力的人（即使是在电子邮件中！），我非常荣幸能与他合作。感谢特雷弗·霍伍德（Trevor Horwood）对文字的修改和润色。感谢阿德里安·扎克海姆（Adrian Zackheim）、威尔·怀泽（Will Weisser）、斯特凡妮·罗森布鲁姆（Stefanie Rosenblum）、露西·贝雷斯福德－诺克斯（Lucy Beresford-Knox）、利娅·特劳夫博斯特（Leah Trouwborst）、薇薇安·罗伯森（Vivian Roberson）、路易斯·艾米丽思－史密斯（Louise Emslie-Smith）和萨曼莎·霍尔斯特德（Samantha Halstead）在幕后的领导和工作，是他们的关心和支持让这本书成为可能。

感谢里斯·施皮克曼（Reese Spykerman），她深入思考了本书的设计方向，并为它设计出另一个漂亮的封面。感谢凯瑟琳·奥利弗（Catherine Oliver）和斯泰伊·霍威 – 洛特（Staey Howe-Lott），他们甚至在本书的创意案例和实践练习写完之前就给出了指导建议。

感谢那些为我们开辟道路的作家和研究人员，他们为这个世界做出了重要的贡献，其中包括马尔科姆·格拉威尔（Malcolm Gladwell）、丹尼尔·卡尼曼（Daniel Kahneman）教授、盖瑞·克莱因（Gary Klein）博士、安东尼奥·达马西奥（Antonio Damasio）教授、苏珊·比尔（Susan Beal）博士、凯文·阿什顿（Kevin Ashton）、凯茜·奥尼尔（Cathy O'Neil）和亚当·格兰特（Adam Grant）。

感谢每天激励着我的榜样：赛斯·高汀（Seth Godin）、艾维·罗斯（Ivy Ross）、西蒙·斯涅克（Simon Sinek）、克里斯塔·提皮特（Krista Tippett）和 On Being 团队——写作这本书时，你们就是我的指路明灯。

感谢那些慷慨分享或帮助我讲述故事的企业家们：安迪·佩里曼（Andy Perryman）、辛迪·鲍尔（Cindy Ball）、基兰·基瓦（Kieran Jiwa）、巴里·坎宁安（Barry Cunningham）、苏珊·比尔（Susan Beal）博士、艾玛·伊萨克（Emma Isaacs）、卡罗尔·琼斯（Carol Jones）、维克多·普列雪夫（ictor Pleshev）、佐伊·福斯特·布莱克（Zoe Foster Blake）、惠特尼·英格利希（Whitney English）、蒂娜·罗斯·艾森伯格（Tina Roth Eisenber）、萨拉·布莱克利（Sara Blakely）、西蒙·格里菲斯（Simon Griffiths）、阿比盖尔·福赛斯（Abigail Forsyth）、黛比·斯特林（Debbie Sterling）、乔汉娜·贝斯福（Johanna Basford）、玛丽·孔多（Marie Kondo）、布里·约翰逊（Bree Johnson）。马克·戴克（Mark Dyck）、伊万·巴尼特（Ivan Barnett）、玛丽安·多诺万（Marion Donovan）和麦乐迪·冈恩（Melody Gunn）博士。

感谢我的博客读者和团队成员的信任。为你们写作是一种荣幸。感谢你们成为许多创意的催化剂，并让我有理由讲述它们。

感谢我在都柏林的父母，我爱你们！他们在远方为我加油打气，连续 18 个月每周都会问我项目的进展。最后，我还要感谢莫耶兹、亚当、基兰和马修对我无条件的爱。

出版后记

    一个卓越的创意是如此重要，它可以带来爆款产品，赋予创造它的人以天文数字的财富。高级别的商业竞争，在很大的意义上就是创意的竞争。正因为如此，讲述创意方法的图书层出不穷，而本书却独辟蹊径，读来让人眼前一亮。

    产生创意的过程，多少有些虚无缥缈，常常让人手足无措。得益于技术的进步，人们试图通过数据分析得到必然成功的创意。实不知这个世界的底层逻辑是不确定性，既往的数据只能总结既往的事实，无法给出确定性的未来。大数据导出的创意，成功的概率并非显著更高，至少很难得到超级创意。本书的作者返璞归真，指出了不起的创意往往来自日常生活的细节。

    如何从日常生活的琐碎细节中感知灵感的火花并最终形成完整的创意？作者认为我们应该依靠直觉的力量，着力培养自己的好奇心、同理心和想象力。这三种基本品质有助于我们提升对真实生活和鲜活生命的洞察力，从而发现隐藏的需求，为卓越的创意打下扎实基础。值得一提的是，培养这三种基本品质不惟有利于形成创意，对工作和生活其他的方面也多有助益。在具体操作层面，作者给出了灵感、领悟、创意和实施四个步骤，甚至贴心地制作了"预感日志"，让你的每一天都成为充满创意的一天。

　　总而言之，这是一本让人沉浸在现实生活中领悟创意的图书，以真实的经验应对无法避免的不确定性。除了本书之外，后浪图书近期出版了《直觉思维：如何构建你的快速决策系统》《崩溃：关于即将来临的失控时代的生存法则》等图书，从不同侧面介绍了不确定世界的应对方法，敬请关注。

服务热线：133-6631-2326　188-1142-1266

读者信箱：reader@hinabook.com

后浪出版公司

2019 年 5 月

图书在版编目（CIP）数据

爆款的套路 /（澳）伯纳黛特·吉娃著；柳林译 .
-- 成都：四川人民出版社，2019.12
ISBN 978-7-220-11470-0

Ⅰ.①爆… Ⅱ.①伯…②柳… Ⅲ.①产品设计—研
究 Ⅳ.① TB472

中国版本图书馆 CIP 数据核字 (2019) 第 126183 号

四川省版权局
著作权合同登记号
图字：21-2019-325

Hunch: Turn Your Everyday Insights into the Next Big Thing
by Bernadette Jiwa
Copyright © 2017 by Live Loud Pty Ltd.
First published 2017.
First published in Great Britain in the English language by Penguin Books Ltd.
All rights reserved.
Copies of this translated edition sold without a penguin sticker on the cover are unauthorized and illegal.
封底凡无企鹅防伪标识者均属未经授权之非法版本。
Simplified Chinese translation © 2019 by Ginkgo(Beijing)Book Co.,Ltd.

本中文简体版版权归属于银杏树下（北京）图书有限责任公司。

BAOKUAN DE TAOLU
爆款的套路

著　者	［澳］伯纳黛特·吉娃（Bernadette Jiwa）
译　者	柳　林
选题策划	银杏树下
出版统筹	吴兴元
特约编辑	高龙柱
责任编辑	熊　韵
封面设计	棱角视觉
装帧制造	墨白空间
营销推广	ONEBOOK

出版发行	四川人民出版社（成都槐树街 2 号）
网　址	http://www.scpph.com
E－mail	scrmcbs@sina.com
印　刷	北京飞达印刷有限责任公司
成品尺寸	143mm × 210mm
印　张	5
字　数	89 千
版　次	2019 年 12 月第 1 版
印　次	2019 年 12 月第 1 次
书　号	978-7-220-11470-0
定　价	35.00 元